改变，从心开始

立 品 图 书 · 自觉 · 觉他
www.tobebooks.net
出 品

无为，很好

[美] 斯蒂芬·哈里森　著
安秋子　译

深圳报业集团出版社
SHENZHEN PRESS GROUP PUBLISHING HOUSE

责任编辑：陈　曦
特约编辑：草　原
装帧设计：远道设计

图书在版编目（CIP）数据

无为，很好／（美）哈里森著；安秋子译．-- 深圳：深圳报业集团出版社，2015.5
ISBN 978-7-80709-664-1

Ⅰ．①无…　Ⅱ．①哈…　②安…　Ⅲ．①人生哲学－通俗读物　Ⅳ．①B821-49

中国版本图书馆 CIP 数据核字（2015）第 094562 号

无为，很好

wu wei hen hao

［美］斯蒂芬·哈里森 著
安秋子 译

深圳报业集团出版社出版发行
（518009　深圳市深南大道 6008 号）
三河市华晨印务有限公司印制　新华书店经销
2015 年 9 月第 1 版　2015 年 9 月第 1 次印刷
开本：787mm × 1092mm　1/16
印张：10　字数：100 千字
ISBN 978-7-80709-664-1　定价：38.00 元

目录

楔子

给对生命认真的你

本书是献给生命向我们每一个人所呈现的质问。

日累月积起来的信仰和观念，已经被我们当做事实一般接纳，并添加在我们已经拥塞的心智中。它和我们亟欲治疗的神经质的心智相比，简直更令我们难以负荷。当我们舍去已经习得的精神观（spirituality）及其所有的教条之后，如释重负的感觉可以是惊人的。

听到“信仰制造冲突”这类非常提法时，我们常常有所反应；听到“自我”这观念——这作为我们的核心信条，实在是内在冲突的关键——我们同样也会有所反应。

我们极度仰仗仪式、宗教和意识形态，使生命运作起来，而运作的方向是个心理上的内核——“我”。要摆脱长久以来给自己结构感和功能感的那些观念，是件非常困难的事情。

对于摆脱我们的观念而获自由，我们既害怕又着迷。这解脱与焦虑，认可与反应的剧烈拉扯，是我们集体的心智试图要去理解其无法明白的某样东西。

生命的广袤将这一切，将我们所有人，拥抱其中，没有丝毫介意。我们活出的，就是生命的真实，而非我们的心智所生成的观念世界。

我们如何不用制造出权威和权力而彼此交谈？我们如何建立一种不以恐惧与需求捆绑出来的关系？我们如何以一种既能反映出共有共享，也能肯定个人天赋自由的方式，在社区里生活呢？

我们的这个探索，不能因为观念世界遭到解构而停歇，也不能因为这些信仰体系引发的纷争不谐而止步。我们必须寻找出，什么能表达我们每一个人生命的完整，什么能表达我们在一起，作为一个整体的生命全貌。

让我们一起去发现生命之道吧!

作者导言

心智结构之旅

这本书是在探讨我们存在的赤裸真相。写这本书不是为了创立独特的哲学思维，也不是要将生命之道形成理念。

本书既不是方法论的论述，也不是解惑方式的描述。没有一种方法、一种制度或一种教诲，可以在我们的生活中给予我们确定性。制度、哲学和信仰都是静态的，而生命是动态的。

我们的脑袋早就被一大堆各式各样的观念塞满了。

我们都是被教会如何进行思考，如何开展行为，如何存活于世的。我们着实不需要更多的关乎我们如何生活的说教了。

这本书，写来并非为了被收藏在书架上，或被反复阅读，或被摘句摘段。这本书，如果能被读一遍，从头到尾，带着深切的反思通读一遍，那此书的目的就算达成了。

我们并不缺少新的意识形态，倒是很需要那份敢于直面既有的心智结构的意愿和诚实。我们不需要任何人来裁判这观点，来说服我们，因为，当我们诚心愿意亲身来体察自己的生命实相，便能其理自明。

我们自己可以直接观察到我们以为真实的基本结构，它是由无数时生时灭的意识形式组合而成的。这意念的生灭，并没有明显可见的连续现象。然而，其中贯穿了一个思想者——“我”，一个制造出这些意念想法的中心。而这个“我”，是一个概念，并不是实体。

这高频闪现的，细微精妙，又常常是种无意识的核心思想，正是我们存在于实相之中的精要。这一核心思想，为我们的心态模式、社会的各种功能，以及我们对宇宙和神灵的各种信仰所组合成的整个网络，奠定了基础。

辨析这个基本的自我观念，是开启理解自我过程的关键一步。如果“我”只是一个意念形式，和所有的意念想法一样是有生有灭的，那么，我们是谁？那观察着“我”起起伏伏的，又是谁呢？

本书是想要带领读者走一趟心智结构之旅，也许还可以进入意念升起时那寂静之所。所以，本书留一些工作让读者自己来完成。

我没有什么学术文凭，但是，这可能反而给了我写出这些话的某种自由。年少时，我便感受到了周遭世界和我内在的苦痛和失调，我曾经是要被培养成为这个仿佛已经疯狂了的社会中的一份子。然而，和我同辈中的许多人一样，我的内心无法和一个领袖遭暗杀、无义兴战的乱世相适应，我也无法接受冲突在我的家庭、在我的人际关系，以及我个人心智中已经存在的事实。我放弃了去一所常青藤大学，得到它所给予的保障，开始致力寻觅一个完整的、根本的、普遍可行的、能解除这苦痛的答案。

寻求灵性启发

我走遍了世界各地，求教于每一个我能找到的神秘学家、先知和术士。我让自己接受严苛的苦修，长期过着与世隔绝的生活，静坐冥思。我研究了全世界各种各样的哲学和宗教。我在印度和喜马拉雅山区，花了很长的时间探索，冥思，生活。在过去的二十五年中，我既当学生又做老师，在教学相长中有所收获。

然而，那一切都毫无价值可言。

没有一种体制、一门哲学或宗教能够处理人类的局限。尽管我对心智和意识的探究越来越深入，却仍然没有一种可以解决我的两难窘境的体验。不管我行脚走得再怎么遥远，修行再怎么精进，也不管我找到了如何了不得的大师，我依然是那个体验此过程的中心。每一段体验，无论它有多么深邃，其实都是由“我”来集合成的。而问题就出在这个集合者（collector）。

我曾一度前往喜马拉雅山区，去会见一位修为高深的瑜伽行者。一看到这位大师，就会清楚他对生命本质的洞察已经很深了，我便向他暗示，我是来向他学习他所领悟的内在世界的各种力量的。他的回答简明扼要：“你为什么需要力量呢？你在害怕什么呀？”说完，他便走开了。

探索这份恐惧是我精神之旅的起点，也是终点。

在这段探索中，我有了深刻的顿悟，痛苦与不和谐并不是问题的焦点，问题是出在探索者身上，出在狠命地索求一个答案、一个回应、一个解决方案，好用来解除感情上所负担着的“我”。没有那份对“探索者”的执拗，也就不存在什么解决方案了。没有了解决方案，问题的本质便彻底变了。

没有一种见解、意识形态、哲学或宗教回答了生命呈现给我们的问题。因为，设定这些机制，本身就是为了要给予我们自己一种“有所解答”的确定、可靠和安慰的感觉。而生命所带来的问题是源自生命本身的运动性，它本质上充满变化，不稳定，却又生气勃勃。

对有心人而言，存在，这一事实，它无时不在。它可以在安详中，在信仰没被扭曲时，被触及到。在无垠、神奇而未知其本质的生命中，在真正谦卑的倾刻之间，或许我们可以发现那洗脱了我们所有概念的实相。

本书便是对这份用心的记述。书中所有的发现，均需要读者与自我接触来亲历体证。这一自我接触并不会随着阅读书中文字而来，而是来自于文字、思想和“我”这意识消遁后才有的静寂。

1　有关绝对真理的故事

有位国王对真理具有相对的一面而感到烦恼。作为一个专制的统治者，他决定下诏废除相对真理，强力去推行绝对真理。

他的法律很简单，如果有人进入他的城邦，不说绝对的真话，就会立即处以绞刑。

他对最终找到了表现真理的极致方式表示相当满足。

在他的邦国附近住着一位狂放不羁的玄士。当这玄士听到了国王的诏令，放声长笑。

第二天，他就去觐见国王说："奉陛下之诏，今日您将赐我绞刑，因为我这话是不实之言。”

那国王一下子就被这话打懵了。他不能绞死眼前的这位狂徒，因为这样一来，这位玄士所说的就是实语。他也不能不绞死他，因为那样一来，玄士所说的就是不实之言。

杀或不杀，国王都无法做，他只有放弃自己的王国，跟随着这位疯癫的玄士去学习绝对真理的真正本质。

2 不对劲的事：空无与现实

透过心理上的苦痛体验，我们才证实事情不妙。苦痛，是生命的伟大使者，借由她的降临，我们所认知的世界有了本质上的转变。

在没有听到苦痛的讯息之前，我们都满足于浑浑噩噩、按部就班、安逸而乏味的现状。生活在一种萎缩封闭的状态中。

认识到痛苦，便是感受自由的时刻。她惊吓了我们，让我们苏醒，有了受伤的感觉。循着这条矛盾冲突的轨迹，由于我们走到了自我局限的尽头，也许可以结束我们的困苦。

最初，我们或许会试图对这苦痛麻木不仁，试图躲避或拒绝它。然而，不管怎么做，我们都无法消除它，逃离它。即便用一生来躲避与这苦痛的接触，在我们死亡之际，也必然会遭遇它。

当理解了我们无力逃避，我们就试图去进行改变。我们尝试嗑药，尝试心理治疗、打坐冥想、修习瑜伽、信教。我们尝试转变成一个从苦痛中解放出来的某种东西。然而，“转变成”正是苦痛的根源。苦痛是一种不曾停顿的、求索着其他某些东西的运动。这求索可以改变我们的外在之物，事实上从来都没有成功地改变过我们。

我们愈发“转变成”重视心灵、富有爱心、无私利他的人。我们活得像个披着圣贤外衣的魔鬼。外表上，我们欣然地觉悟了，至少是满意地走在通往觉悟的大道上；内心里，我们在苦痛中煎熬。

我们已经使自己准备妥当，使自己日趋完善，但在未找到自由解脱之前，我们变得喜欢讥诮、否定，惰怠世事。我们仍在“转变成”，依旧在苦痛之中。

我们整个的生命活得与这苦痛息息相关，然而，我们却始终不曾完完全全地感受过它，拥抱过它。如果，我们拥抱它，我们便是拥抱自我，拥抱我空。

正是这根本的无我性空，才使我们对生命有了觉醒。它其实并非苦痛。它是空。空的无垠，正是我们踏入真实之门。

谈及空无，我们可以使用的字眼是匮乏的。或许，在英语中根本就没有词汇适合描述，因为我们不是要表述一个“零值”的状态，而是要记述非常充盈完整的宇宙，而这圆满宇宙不过是没有一位观者罢了。

但是，在这宇宙中，观察却在发生着。实相，也就是对思维的认识，从来都呈现着。只不过，它的呈现无需思想者。这便是空。

物理学家们，不是那些超自然的抽象主义分子，已经用尽其才华对“空”加以描述。量子物理学家描述了一个没有内在客观性和可测性，却充满几率波的世界。在这个量子物理世界里，没有客观存在，直至有了意识的介入，并且由于意识所做的观察和接触，意识才生成了客观实体。

对“空”的认知

这“空”，并非否认思维的存在，也不否认对思维的认识。这世界，没有消失在这“空”中，而是呈现在“空”中，对这“空”的认知力，使得这世界改头换面。

我们可以说这世界是个幻象，实际上观者才是幻象。这幻象，就是误以为观者是恒久不变的，是坚固实在的。这幻象，就是误以为观者看见的是一个不受观者心理制约的客观世界。但是，只要去寻找这观者，就可辨识到这是幻象，绝非事实。这观者在哪儿？他是恒久不变的吗？他是坚固实在的吗？

没有观者，“象”[1] 显现在“空”中。“空”不是对世间责任的某种废弃，相反地，它带来了与世界的完整关联，也带来了对世界的完全责任。这一境界，也只有在瓦解了有“观者”这一观念后，才有可能达到。我们的幸福、我们的安康、我们自身的协调统一，与这世界的幸福、安康和协调统一是不能分割的，因为我们无法脱离这世界。

“空”也不是将与生俱来的挑战给消除掉、清零了。我们仍然必须关心自己的健康、工作中的职责、与家人和朋友建立充分的联系。这些挑战，作为“人我一体，天人合一”这一原则的一种表现形式，有了某种崭新的特质。“空”让我们第一次领会生命的完满。

观者，自认为“有恒久不变的思想者”，是这执着概念化的产物。领悟到没有所谓的观者，便可清除洞悉“象”的阻碍。

---

① 原文 view，在韦伯大辞典中有 16 种解释，包含了主客观的两个方面，即景象、现象与心象。概括起来，对应最好的是中文中一个字：“象”。

“象”常瓦解我们的观念结构，同时，引导我们认识到隐藏在各种思想看法中的那份内在的真实。“象”彻底改变了我们称之为“空”的本质。

“空”只是一种概念，它与观念中的完满、具体和定位对立。这个概念是描述性的，但又不是它所描述的空无状态。

“空”所描述的状态并不等于零，也不是比我们更具体。它所承托的是实相。实相，是能量自身的运动。而能量并不是虚无的，更不是坚实有形的，它是动态的可能性。是“象”，而不是观者，把动态的可能性转化为了实相。

3 心理学的神话

我们与自身空性的接触，其深度是随着寻找解释而得的。这是一种意愿，力图去解决显现在生活当中的“我”固实的感觉与被我们发觉的“空”之间的矛盾。“空”被那个“我”，被思想观念（thought），诠释为心理学上的苦痛。

我们处于险境之中。我们陷入迷惑之间。我们转而求助于向导。而这向导是心理学家、精神科专家。

我们是否意识到了，其实我们做出了某个带有宗教性的决定呢？我们交出直接的接触，换取那些人以习俗、神话和社会压力为基础的解释。我们是否意识到了，从治疗师的角度去看便是改造我们呢？我们将“转化成”

的样子，是治疗师确信我们应该有的那样子。

我们被诊断，我们被治疗，我们甚至也会被治好了。我们被给予一些药丸、一些解释、一些疗法；我们被卷入艺术课程，撰写报告；我们被容许抱枕尖叫，与海豚一块游泳。但是，到底发生了些什么呢？

“我”，这中心，受到强化了，“空”，被排斥了。我们恢复为具有生产力的公民。我们准备好发挥生产功能，繁衍子孙，老化，死去。我们依旧是空虚的，在一次次的药量增减或一场场的治疗之间，我们还是会感觉到“空”是种深刻的苦痛。

苦痛是位使者。所带来的讯息是让人觉醒。那些了解到这一点的心理学家和精神科专家们，其实也了解它们有着完完全全不同的作用。他们成为意识的接生婆，但这却只会发生在他们正视他们自己的内在冲突之后。

如果我们的生活牵系着解决这冲突的那份决心，牵系着对生存之终极真理的那份探索，我们就必须再一次拥抱我空。

那么，我们要如何去协调心理上的冲突、恐惧、焦虑、愤怒，以及痛苦的毁灭性体验遗留的未解记忆呢?

在我们去看心理治疗师、找心理专家，来回应这些纠结的情绪和想法的时候，为的是什么呢?

如果我们去了，能继续发挥功能，能维持我们的生活，能变得更好，做得更好，感觉更好，那么，我们或许去对了地方。这确实是心理专家、治疗师或精神科专家的功用。他们将给我们绑上绷带。我们会表现得更好些，往往我们还会觉得似乎对自己有了深刻的洞察。

如果我们没有做出什么成绩，或是陷于某个危机中，那么，我们将得到一些药物。只要服药，我们头脑的状态便“换档”了。一般来说，这个状态会转向较愉快的，或头脑功效较好的情形。但是，有时候药物并不管用，甚至惹出问题。

有时候，与另一个人单纯的接触，每星期三次，每次一个小时，其效果可使我们经历到我们的状态有某种慢慢上升或者舒展的情形。而治疗的类型与此无关。

用这样的治疗手段来对待心智有什么样的缺陷呢？如果这种治标不治本的缓解，其实是我们在寻求的东西，那就谈不上缺陷了。如果我们认识到，治疗是没完没了的，而且，它的目标只是释放我们源于内在冲突的一些压力，好让我们能正常发挥功能，那么，所有治疗都不存在缺失。问题是，由别人来给我们描述我们需要什么，这事情是否就“正常”了呢？

* * *

有个忧心忡忡的男子，带了一只鸡去看精神科专家，说：“医生，这是我的兄弟。”他以为自己是只鸡。

前提错了

医生是否给这忧心忡忡的男子的兄弟对症下药了呢？什么治疗方式才可能有效呢？这兄弟要经历多少回面谈才能从欺罔的处境中突围呢？

这还不够清楚吗？这治疗过程中，根本就不存在“有效”，因为前提错了。

当心智让它自己来解决自己的冲突，能解决得了吗？或者，这前提就错了？

许多人与上述这位兄弟解决问题的办法完全不同。他们已经认识到那不是兄弟，那是一只鸡。要解决这个冲突，他们找另一类的权威，更独特的。如果那种精神科专家无法提供帮助，那么可能兽医就能帮到。不过，终归那还是一只鸡！

天主教徒在印度教中寻找答案；犹太人在佛法中寻

找答案；无神论者在存在主义中寻找答案；共产主义者在资本主义中寻找答案。美国人跑到印度，印度人跑到美国。如果这个法子没法解决问题，那个法子总可以吧。如果精神科专家无力帮助我兄弟，那素食者能帮上吧。

然而，这前提还是错的，不管跑到哪儿去，不管我们向谁求教，这冲突还在继续。

这忧心忡忡的男子要向谁请求去帮助他那认为自己是鸡的兄弟呢？

我们又向谁去求助来解决我们自己的冲突呢？

这难道还不清楚吗？我们必须先理解我们内在冲突的前提，才有可能知道如何解决它。毕竟，那儿根本没有兄弟，也就没有理由为了自以为是兄弟的幻象而出份解决方案了。然而，那儿有冲突。

心智（mind）是一个自我构建起来的神经功能症

(neuroses)[1]的网络。冲突就是它的表现形态。其实，这和那位兄弟的幻象没有什么不同。

那兄弟的幻象并不存在，因为那兄弟是不存在的。我们的内在冲突并不存在，因为我们不存在。

没有自我这个中心，还有冲突吗?

时间与记忆的诡计

20世纪前半个世纪以来，医学对心智的假说模型早就改变了。如今，一般都承认我们的心智很容易被机械性的手段所操纵，而其中药物和外科手术最为突出。

而科学认识到，把已经了解到的人们心智的生物化学都归纳在一起，也不足以提出一套统一的心智功能的理论。但是，科学正在验证某些假定，而这不过是一个

① neuroses的英文解释是：主导着个体特质的，在不同程度上所表现出来的功能性紊乱，它以不同的方式表现出对焦虑、强迫性思想、强迫性行为的情绪，以及无物理性病因的身体不适的。

时间问题，不过是科学知识的某种进步而已。

精神治疗也就亦步亦趋，开始把其工作更多地放在发现大脑化学物质的合适的替代物上。

大脑化学反应的因果不容否认。精神病人服用了冬眠灵（盐酸氯丙嗪）就温顺了，忧郁症患者服用了百忧解（氟苯氧丙胺）便高兴了。

这套心智和精神病学的假说模型所缺失的——而且是个很大的缺失——产生心智的背景这一角度。由于把心智看做是一种机械的反应过程，一种存在于个体且独立于其背景之外的过程，精神病学便无法看清大局。这是因为，科学不看更大的格局。

听来似乎让人感到震惊，但是，科学的确没有任何有关意识的假说模型。科学中也没有行之有效的、统一了的意识理论。尽管意识是心智及其所有排列组合——包括了科学和精神病学——发生的背景，但是，实际情况就是这样的。

在临床治疗上没有根本的解决之道。从来就没有过。

假如我们对心理冲突的解决有兴趣，我们就必须在别的地方找寻办法。

首先，我们得看看在持续恒长的心理结构中有关心理意义上的时间[①]功能。没有时间的概念，就不可能有“正在好转中”“正在工作中”或者“正在处理中”等林林总总的心理发展概念。没有时间的概念，只会有一件事正在发生。这事发生在当下，对我们来说可以看明白，只要我们愿意去看，而且不需要借助任何媒介。

冲突只存在于当下

没有了心理意义上的时间，与心理冲突的接触、以及产生的对冲突的理解和对冲突的解决，都只会在当下发生。

---

① 心理意义上的时间：原文 psychological time，指当人专注于某事，回过神，感到时间过得飞快，当人参与不喜欢的事，感觉时间慢了。这是区别于时钟报点的自然时间，更为主观的心理反应。

其次，我们必须观察到心理记忆也是思想观念的一个方面，心理记忆创造了事件发生的历史，并不与事件实际发生的来龙去脉一致，而是和事件使我们所遭遇的情形相符。把这历史中的主体也包含在记忆中，不断地将主体与过往经历联系在一起，以及把这主体与过往的关系投射至未来，这正是心理冲突的始作俑者。

充分了解思想观念的这两个面向——时间和记忆——相互交织的状态，可以将心理冲突带入可及的、瞬抵的当下。除此以外，别无他所。

好了，把这冲突导入了当下，我们要怎么处置它呢？

绝对没啥事可做。

任何与冲突有关的行为，都会给它物质或能量。试图去处置它、操纵它、使它转好、让它消失，只会使得这冲突在我们的真实范围里确立巩固起来。我们断定能解决它，反而因此强化了它。那冲突未得解决时，我们早已制造了进一步的冲突。

假使我们什么也不做，会发生什么情况？什么也不会发生。冲突无人认领，它就没有了能量。它也没有了对手。它根本无法继续存在。他也不再是真实的一个方面。

这才是心理冲突的解法。它只发生在当下瞬间。不需要任何人的帮助。也不需要我们做任何动作，仅仅需要我们整个儿的静寂。

4 开悟的神话

我们已经看出所谓心理学上假设模型的缺陷，可能还看出了其破坏性，但是依然被迫求解。

解决与自身空性相接触的这份需求，会被开悟的神话所扭曲。

我们被告知，我们与空性已有的接触方案在别处，是一种境界，被称为开悟。

这个神话似乎能立即治愈我们这种空无状态，因为它当下给我们填塞了概念。我们有了一个宗旨，有了目标，有了奋斗，有了进程，有了方向。我们不再空虚，可是却依然在寻觅疗治这种空无状态的解药。我们是满满当当的，我们已经和这种空无状态失去了接触，然而，它被记住了并被投射在思想中。

我们为寻觅这开悟会耗费太多太多的时间。可是，寻觅是无济于事的，因为它并不在那儿。

我们可以面壁打坐，在欣喜若狂中手舞足蹈，祈祷、念诵。我们可以为寻觅这开悟而走遍世界。我们可以问教于高人大师，求助于最深奥的教义。而这却无济于事。

我们甚至可能觉察到这是无济于事的。以我们的机敏灵慧，我们可能会觉察开悟不在它处，而是在此地。

它自始至终都在此地，这个当下。

其实不然。

它并不在这儿。它哪儿都不在。开悟只是个概念，是个想法，是个信念。

这个自我，“我”，已经将它自己的意图投射出来，不管是在别处还是此地，它也已经投射在时间之中。在时间中，我们总是在不断地接近之中，从未安静下来。

开悟是个神话，因为这个自我是个神话。

我们又回到与我们这种空无状态的接触中。

5　师者：权威、集权、爱

经历了一段漫长而艰辛的旅程，克服了许多的困难之后，求教者终于登上了古鲁[①]隐居的山巅。“大师，什么是生命的意义？”求教者恳切地问。

“生命，我的孩子，它是一碗樱桃。”古鲁回答。

求教者经历千辛万苦才找到这位大师，听到此话不禁义愤填膺，直接对古鲁表示了他对其解答的想法。

古鲁沉思了片刻，说：“你的意思是说它不是这样的？”

① 古鲁：常指在精神或宗教方面有权威和影响力的专家或领袖。是印度教中常用的词。

* * *

我们是被我们的这种空无状态给搞糊涂了，完全失去了方向，求教于一个并不因此迷茫的人。

我们听说世上有修为高深洞悉世事的大师、古鲁和不凡之士。

或许，真有这样的人，可是，我们为什么要向他们求教呢？

这个动作是不是对混乱所作出的反应，是不是在面临动荡不安时拥抱法西斯主义，为了寻求权威、寻求指引？如果这样的话，我们知道，所找到的权威将会解决我们的问题。我们也知道要找的权威也将会成为我们的问题。

这个师者是我们的心理投射，是我们的恐惧、焦虑和懒惰的反映。我们投射一个父亲形象，他笃定，威严，律己。我们投射一位母亲形象，她滋养，宽恕，不挑剔。

我们授权给这个师者，但从来不让我们自己去建立亲密的关系。我们不想要承认这师者是谁，而其实我们早已知晓。

这位师者就是我们。这父亲就是孩子。这孩子就是父亲。因为接受我们集体的心理投射，师者也接受了我们的控制。我们制造了一个对之礼拜的权威，可是我们控制这个权威。我们知道国王没穿衣服，可是，只要我们的需求得到满足，我们就会只字不提。

这个古鲁游戏像是个开悟的游戏，我们玩这个游戏是因为我们不愿面对我们的空无状态。

当我们以为困惑有解答，我们就已经误会了我们的困惑。这困惑，并不是提出的问题有多么难，而是提问者正处于分裂失去统合的状态之中。困惑是真智的引子。这是一种没有中心，也不受意念主宰的真智。

如果我们以古鲁之名牺牲真智，如果我们因另一个权威而将自己的精神责任感丢在一边，那么，我们就已经踏入了失魂落魄之地。请留意踏入这领地的每一个人。那些魂魄丢失了。那个古鲁也迷失了。

权力就是腐败。太多的古鲁们扯上了性和金钱的丑闻，凿凿有据，此话不假。有多少富有洞见和感召力的师者，由于他们的追随者将其行为自圆其说，而深陷密谋和诈欺的泥潭？日趋愚蠢，正是这个权力结构的本质。因为，你的第一步——对责任心的放弃——就走错了。

没有任何权威能够解答我们的疑问，不过，也许我们会很幸运，发现一位会质疑我们解答的人。

质疑所带来的这份礼物是最珍贵的。如果我们碰巧遇上这么一位给予者，如果我们是善于接纳的，够谦卑，就能认出这份相遇，那么我们就跨入了一种迥然不同的人际关系。

在这个人际关系中没有权威，没有权力，有的只是这质疑的权威、权力。

一旦有疑问出现，就没有解答的隐匿之所。没有解答，也就没有权力、权威，没有解答者。

我们对这位古鲁的心理投射，无处可驻留。当我们遇见这么一个人，受到这样的质疑，我们便会明白我们将无所得。我们处于无所求、万事给的人际关系中。我们是在爱中。这才是古鲁。我们已经和我们自己的真性相遇。

6　灵的暗夜

没有了心理专家，没有了古鲁，没有了神祇来帮助我们，那会发生什么情况呢？没有什么针对内在冲突的解药，没有开悟那回事，也没有什么可让伤悲完结，那么又会出现什么情况呢？只有空无的状态，毫无填充之物，又会出现什么情况呢？我们的世界、我们的生活、我们的人际关系，全都崩溃了，我们崩溃了。

这自我认同的崩溃，以及绝无可能逃避崩溃的特性，是结束，也是开始。这个“灵的暗夜”，没有任何东西可以穿透，而这既不是什么大事，也不算什么开悟。它不在时间里，也不属于时间的范畴。它无关乎我们，也不会变成其他什么东西。它不是因，也不是任何事情的果报。

没有人能带我们抵达这“灵的暗夜”或穿越它，而且我们也无法创造这暗夜，无法催促它或终结它，它是个刹那，也是一生一世。

既然已经消退殆尽到“无”，也就“无”可表现了。这种对“无”的状态的表达正是爱。爱无需缘由，也无需对象，她始终展现在当下。

7　无为

打坐这想法会吸引我们有很多的缘由。也许，这是出于我们严重的神经官能症，出于一刻不停地思考的重压，或者是出于我们所感受到的压力，对生活的焦虑和心理负担。

也许，是出于隐隐怀念起我们依稀记得的那一种安宁的状态，一种再也无处可寻的安宁状态。

可能是出于某种被我们的控制欲所左右的兴趣，也可能是一种对权力索求的延续。

我们变得对打坐感兴趣，是因经历了绝望、沮丧、灾难或者死亡。我们想要找到神。

这暗示着，所有这些打起坐来的行为和方式，都是在找寻另一些东西。

正是这份根本的贪欲，以及想要从我们自我认知和所处境地的不满中挣脱出来的渴望，使得我们选择去打坐。

如此说来，打坐变成了各色体验的追猎目标，也就不足为奇了。心智不满其生命现状，其实是不满意它自身，因而会去另找一个。

它追猎的是一种欣喜的、安详的、爱的状态，一种与这追猎的心智有区别的、更好的、更圆满的状态。

然而，心智追猎着另一个状态的场所，却是心智本身。

除了自身，只能照见无物，可是心智，也就是打坐的人，试图在其发现中找出意义来。于是它找到了各种经验、种种境界，找到了神，也找到了魔。由此发现，它建构了各种描述、各种解释和指导。由此发现，哲学和宗教被创建起来了。但如此一来，打坐就有了前提条件的制约，寻觅便有了一条明确的发现路径去领略一段已经被描述好了的经验。

心智自我封闭了起来，它已发现一个自我创建的真理，但还是囿困于自身之内。

如果有人让我们坐下，闭上眼睛，找寻一道白光，我们会创造出那道白光。同理，会是佛，会是湿婆，会是耶稣。

这件事本身就特有趣，我们在打坐之中可以被教导，或是被习惯性地影响着去经历各种特定的异象。

打坐似乎会是一段欣喜的体验，比方在打坐中找到了神祇。可是我们的神打哪儿来呢？它难道不是一种投射，来源于同一个心智，而其根本就深陷于矛盾冲突中吗？我们的神，庄严而悲悯的神，难道不会是这矛盾冲突的某种表现吗？凭借所创造出的这个光明体，我们是不是在暗示自己存在于幽暗中，自己并非那光明体呢？

我们是不是仍然陷于矛盾冲突中呀？

“爱”这个字眼并不是爱，“神”这个字眼也不是神。我们能否了解“爱”和“神”这些字眼，在本质上就造就了另外的东西或某种分别呢？一旦这种分别下意识地存在于心智中，“我”就会寻找“神”或者“爱”，但终究不可得。只有瓦解这个概念，也就是“爱”和“我”的观念，真正的爱才会被发现。这真爱，并不是字眼所描述的那个“爱”，而是由安静来呈现的。

常常有人问：“我们如何接近心智？”这个问题无解。从发问者的观点而言，我们就是心智，我们无需向它靠拢，因为我们早就在那儿了。

常常有人问：“我们如何超越心智？”这个问题的前提是假设达成“超越”时，我们仍会在那儿观察到它的发生，那么，超越心智意味着超越发问者，既然如此，届时谁会在那儿观察呢？

不过，也许接近心智和超越心智这两个问题其实就是同一个问题哟。

我们每天生活的最终毕竟还是心智。它是我们的思想、情感、观念、动机、策略、恐惧、吸引力、梦想。我们所谓的“我”，就是思想的这种显而易见却又盘根错节的复杂关系。我们认为“我”住在一个物质肉体里，我们的生命就是在于保护和提升这个我与肉体的共同体。

检视制约

社会的约定俗成经由父母亲传递给孩子，师傅传递给徒弟，政府传递给百姓，教士传递给信徒，思想扩大了它的深度与广度，并逐渐取得了具象。如此传承的思想和技艺经历一代又一代，完全地制约了我们的集体和个人。

我们活出的生命并不是自己创发的，而是在仿效附和我们所承袭的各种观点。

最根本的制约就是“我是某某”，也就是自我中心观。自我中心观认为有个思想者，这思想者会思想，她住在我们的肉体里。其实这是虚妄，错觉我们有个位置。

量子物理学家同意，在次原子（即组成原子的质子与电子）宇宙中，物体存在于量子级的连贯性之中。量子物质是不能被定位的，它们是不可分割的。一旦对其中一个物体发生作用，另一个也受牵连，且不受距离的影响，因为，连接的力量不在空间里移动。就这一点而言，距离远近是一样的。

尽管这并不是意识本身的假说模型，但这表明了，看似明显的位置、自主和分别等感知，其实根本不是那样的。

然而位置感和分别的观念已深深地植入人类集体的灵魂中，以至于被接纳为真实之基础。凡是尝试过专注心思，静息心声，或单纯静坐的人都知道，并没有所谓的思想者在控制。

每天晚上入睡之后，我们会发觉出现了一个迥然不同的真实，并且，往往醒来时伴随着一种回到我们的肉体里的感觉，这时，思想者住在肉体里的观念就可疑了。我们的“我”的感觉如此固执，实在是叫人惊异。然而，的的确确就是这样。

既然这样，我们如何看清哪个是我们，哪个是又被我们的限制给扭曲了的呢？所有接近自我都是开始于自我，也就自然地成为这限制的一部分，这是种无解的两难，对此，我们做什么都是徒劳。

这么说，我们能够什么都不做吗？很简单的事情：无为。无为中有一种根本的静。

不妨试试无为，观察一下，马上停下来，什么也别做了，无为。

我住在肉体中

就像无为所显现的，它是个出人意料的活络的地方，然而，它在此，我们才可发现我们是什么 。就在抗拒无为、恐惧无为、恐惧处于无的状态之中，我们开始发现自我的变数。

在一个房间里，坐上一个礼拜，什么也不做，会怎么样呢？会因此而死吗？会发疯吗？为什么仅仅是什么也不做就会引发如此强烈的恐惧呢？

无为以正确无误的形式勾勒出做事人的概貌。如果希望接近我们的心智，最直接的途径就是无为。如果想要超越我们的心智，无为吧。

当我们处于无为时，或许最明晰的一件事是思想持续运转，好像我们真的在做什么事情。这其中藏着伟大的幽默。思想没有开关钮。我们确信，我们是这些意念的思想者，可是这些意念却似乎自有其心智。

然而，如果这些意念的确有其心智，那么思想者是谁？更重要的是：这思想者，这个“我”又在哪儿？

最为奇妙的是，我们到处找不着这思想者。意念来来去去，情感、意象、计划、梦想、恐惧，甚至对这些意念想法的评论，都不断生灭。可是我们在空无当中却到处找不着这思想者，只找到思想。

坐着什么也不干，肉体会开始疼痛。注意力会从思考转向这肉体，于是突然间，疼痛的密集度似乎是那思想者了，这肉体就是“我”。

那么就对此观察一下吧。这肉体的持久性难道胜过了我们所观察到的想法吗？当肉体什么也不做时，这个肉体的疼痛，似乎是自行生灭的，与意念极为相像。

让我们在“我”所驻留的肉体中找我们的中心吧。我们在观察围绕着我们的世界时，我们在哪儿？我们所处位置到底在哪儿？

一旦出现这个问题便是一件有趣的事。仔细观察自己感觉到这中心所在之地。好，这会儿在肉体中已经定位我们“存在”的位置，也已经找到这个位置，可是，我们是在哪儿观察着肉体的位置，又在哪儿观看这观察点？以此类推，我们真能找到什么实在的或持久不变的东西吗？思想者、观察者，究竟在哪儿？

我们整个的真实是建立在“‘我’位于肉体中”这个大前提上。或许，是到应该再仔细看看的时候了。

8　专注、冥想与空间

运用技巧的冥想究竟是怎么样的?

通过使用冥想技巧,人可以专注心智,专一的心智聚焦于一个意象、声音或意念。

这个做法的价值是有限的。就与探索终极真理的关系而言,心智的专注并不与此相关。

通过一次又一次地使心智回到专注的目标上,我们的情绪变得不再那么激动了。我们把心智拉回到我们的呼吸上,回到我们的梵咒上,回到我们的观想上。于是,我们的心智也只有呼吸,只有梵咒,只有观想。

这不是静寂，这是麻木。我们心无杂念了，可是我们也已经失去了我们的感受力。我们是在训练自己不去注意，我们是在自我催眠，还没醒呢，还让自己接着睡。

我们究竟想以专注取得什么成就呢？我们远离的到底是什么呢？我们生存在支离破碎之中，我们不顾一切地想让自己专注定焦也是对这支离破碎的回应，然而，这支离破碎又是什么造成的呢？

自我认同的基本结构在专注的心智中并没有被改变。“我”反倒被专注了，被定焦了，不管“我”为何，都变得更加强大了，获得了确立和固化。

生命的难题不在于心智是否专一，而是在于解开“谁正在思考”这个问题。

透过冥想的技巧，也可能培育没有明显思想的心智，或者是处在于欣喜或其他状态中的心智。然而，这个心智难道摆脱了分歧和矛盾吗？通过重复、空乏或其他麻木化技巧来重建心智，难道就能产生真正的解脱吗？

这么迫切想要改变的人究竟有什么样的生命状态呢？我们想把某样东西改变成另一样东西，而这样东西又是什么呢？是个全新的东西吗？或者我们只是想把这样东西变成某种解释说明，而这种解释说明是我们已经承袭的，或者是长期被崇信的，或者是被说服而相信我们应该是的形象？

根本的不满足把他自己投射成一个意象。我们创造出另一个自我状态，一种想要“转化成”的状态。于是，支离破碎而又有神经官能症的心智投射出专注和定焦。为了达成专注，我们强制打坐。我们傲慢地向旁人描述自己的内在工作，我们拿专注起来的心智所产生的相对大一些的力量来博得别人的好印象，取得地位或保障。心智是专注起来了，但是根子上的神经官能症却扩大了。

越是深入改建心智，神经官能症和虚妄越是扩大。我们甚至能创造出一个神祇，沉迷在这神祇中。然而，这神祇就是自我，就是心智，就是“我”，而它陷于矛盾冲突中。

如果我想要知晓自我之外有什么，那么，用来改变或专注心智的技巧就都帮不上什么忙。这些技巧，或许在探索思想意念上是有价值的，或许在处理心理问题和缓和生理病症上是有价值的。但是，这些技巧却无法让自我超越自我。

那么，不用技巧的冥想本质是什么呢？

我们能不能不管觉知的内容是什么，而让觉知关照到当下呢？这就是对觉知力的培养，也就是一次次地将注意力拉到当下，直到有一种持久稳定的意识。这一觉知，没有评论，没有歧视，也不作判断，常被叫做是某种心灵训练的成果。可是，在真实中，这是一种心智状态，“有觉知的”观者所处的一种姿态罢了。这个观者，实际上与任何东西都没有真正的接触。

培养觉性

表面觉知的这个状态是思想创造出的一种虚拟实景，以求近似可能的纯净意识。在空室中长时间“注意”之后，会出现一种类似还魂尸的特质。这种觉知常常沉溺于寂静的，要不就是受控的空间，并缺乏一种姑且称为智识的东西。智识的缺乏，意味着所谓的觉知不能随着生活情况的变化而改变或调整。它只能“知觉”，而那是疏离的、淡漠的、绝不参与的。

由于这种觉知力的培养是在特定环境条件中发生——也就是有个师者，或灵修学校，或冥想或宗教的机构——觉知便受到这环境背景的制约。

觉知力的培养，或其他无技巧的技巧之所以吸引我们，往往是因为我们的生活让我们穷于应付。我们无法掌握我们的生命，于是就去寻找远离自身的存在。

问题是，冲突存在于观者的内心，也就是觉知者的内心，而非觉知的对象，我们的生命原本就是无法掌控的，如果我们能不逃避这事实，那又会怎样呢？

我们这些人还有我们的想法，都是混沌纷乱的，而与这混乱做根本的接触是非常重要的。这接触没有任何东西作为我们的缓冲，我们的世界就统合一体了。有了这接触，也只有一件事在发生进行着。

这统合改变着我们，这是变化的表达方式。

觉知不是什么事情的结果。它也没有起因。我们没有办法做些事情来创造它。

我们已经明白了在打坐冥想中应用技巧的局限性。那么，不打坐冥想或者没有冥想技巧，究竟真实中有什么？

意念时而生，时而灭。觉知在，而思想者不存在。不抱任何企图地打坐冥想，我们也许会进入意识生灭之间的空间里，而发现我们的真性。

思想也许会试图描述空间，但是它办不到。这个空间是没有思想，因而也就没有“我”。事实上，我们无法凭意志或意图接近空间。没有任何技巧、哲学、教导或宗教能帮助我们体验到静。我们用来作为助力的一切都是阻碍，因为询问者是阻碍。

然而，其实无物是阻碍，因为尽管“我”喜欢把自己想成是有实质的、实在的、持久不变的，可其实没有什么“我”，找不着“我”。没有什么东西在阻碍这静，也没有任何做法可找到这静，它本就是在这儿，等着我停止找它的努力。

太多的精力花在寻觅上，花在贪婪地抓取上了。仅需停下！

9 思想的本质

从意识领域的静谧背景中升起的便是思想。思想或许以我们所谓的情绪或情感的形式出现，或许以观念或概念的形式出现，或许是全息影像的，或许是符号的。思想具有创造过去和未来的能耐。

没有了主体和客体，思想便无法成形。没有了时间，思想也无法成形。思想无法直接经验任何事。思想也不能知觉它自己。

思想就是真实。没有思想便没有真实。这思想即真实的观念但并不确实，也缺乏固有事实或内容。

原本一体不分的只是被思想划分了。是思想在分别这个还是那个。思想容不下统合，因为总有一些东西是超出思想所及的。统合一体容纳了思想，因为它容纳了一切。

思想暗示有个思想者。思想者有思想意念。意念或许可被观察到，与之不同，思想者却无法被观察。

思想有束缚或局限，意识却是无限的。思想者必须有意识。意识却不必有思想。

10 语言和真实

年轻的莎莉平生从来没说过一句话，她母亲带她遍访群医，却徒劳无功。

一天早餐桌上，莎莉扔了她的吐司，嚷道：“这吐司烤焦了。我吃不下去！”

她母亲欣喜若狂。

“莎莉，你终于说话了！”她说，“这么多年来，你怎么一个字也不说？”

莎莉说：“之前，一切都很好啊！”

了解语言是了解思想和真实所不可缺少的。

我们在观察自己的本质的同时，也在描述观察所得。这起名字的过程是我们在世间进行功能运作的必由之路。这是孩童从小在学习“我”和“非我”的差异中所学会的东西。语言的使用或命名，正是分别世界一切物体、行为和性质的始作俑者。这分别或间离是智力的基础，也便是貌似操纵我们周遭世界的基础。然而，它却不是真智的基础。

在这学习分别事物的过程中所失去的，正是这个由各种名字和区分客体所组成的世界所赖以成长的统合一体。随着“我”中心的建立，这看似在“我”之外的世界，通过语言被学习和描述，而语言出现之前本无分别的生命本质被遗忘了。

语言原本只是整体中的一个方面之表征，却自行具象成真。随着语言发展，语言不仅被用来命名这些“当下真实”的客体，而且被用来描述这些客体彼此的关系。

语言分化了世界

尽管我们也许生来原是无语言的状态，但是很快就学会了“树”和“屋子”的差异。我们学到了“大屋子”和“小屋子”的差异。我们也学到“你的大屋子”和“我的小屋子”之间的差异。

不知何时开始，语言和概念从具体的客体导向字眼，一跃成为抽象的表现。而今，我们“渴求你的大屋子”，我们“不喜欢我的小屋子”。我们认为小屋子有“毛病”。唯有住在大屋子我们才会“满足”。语言描述了这一切客体和关系。我们忘记了这一切只是语言、字眼、意念。而“毛病”究竟在哪儿？

我们已经失去了语言出现之前的状态，无分别世界的不动之静。

语言的发展中暗示着“我”和“我与客体”的关系。没有命名人，就没有被命名的；没有被命名的，也就没有命名人。随着语言发展，我们被语言所创造的真实给吞噬了。

我和客体的关系

对“我和客体”关系的识别是我们真实的基础，同时也是我们痛苦的起点。虽然，渴望语言出现之前所体验到的那个圆满完整，而我们在自己所创造语言的这个世界中，却不能找不到统合一体。如今，我们只能用语言来模拟这统合一体。我们并未重新发掘那被我们层层覆盖的深沉的、语言出现之前的完整，反而安于更多的语言诠释。

我们创造了统合一体的多种精细的描述，我们创造了统合一体的多种符号表达形式，我们还发现了统合一体的原型符号，我们创造心理学、哲学和宗教。但是，由于我们依然在语言范畴和其固有的“我和客体”结构之中寻觅，我们因而始终未能真正臻至完整。

有一项深层的自相矛盾摆在我们面前。既探求理解，这探求又如何超越它本身？我们可以看出，这探求本身就是领悟完整的一个障碍，因为探求者天然地把世界客体化了，割裂了。

如果我们退回到语言出现之前的状态，我们就已从“我和客体”的真实中退出。退回到语言出现之前的状态中，我们只能经验一种表面的统合一体，因为我们害怕，并排斥客体世界。于是，我们就创造出一个没有客体的主观世界。我们不再使之功能化，我们自闭，退缩。然而，否定受制约的现实是毫无用处的，因为这否定不会允许整合。

我们只能在客观现实的环境条件中提出这个问题。由于从真实退缩回来，我们的自由反而因我们间离的关系，以及对接触的恐惧而受到限制。唯其具备超越分别心的真智，我们才真正活在这个相对的世界里。这真智必须基于认识到了“我和客体”之间相对关系的本质和局限，认识到了深层的统合一体，这些才是真智的源泉。

主观世界和客观世界的混合体涵盖了生命的整体，而我们融合在这生命中。没有观者的束缚，观象就无限展开。观者只可能存在于相对现实中，而观象只可能出自于统合一体。

11 宗教、象征与力量

母亲注意到小男孩在画画，便问："你在画什么呀，吉米？"

小男孩头也不抬地回答："上帝的样子。"

"可是，吉米，"母亲说，"没人知道上帝长什么样子呀！"

"等我画好了，大家就会知道。"

* * *

静，不是思想，故没有语言，因此不为人知。人类从来不喜欢无法知道、无法解释，进而无法控制的东西。

面对这样的两难，我们创造了宗教。

宗教一贯以可辨知的言语来解释未知，并且为那些无法被认识的东西创造出了符号象征。这象征学深深地植入我们的心智、文化和宇宙观，以至于在宗教范型内部极少受到质疑。跳脱这范型去看的话，宗教的象喻就会失去影响力，失去它的潜意识意义。

基督徒无法从牙齿上还滴着血、脖颈上套着骷髅头项链、在尸体上舞蹈的卡利女神形象中看到神。印度教徒无法从一个被钉在十字架上痛苦流血的男子身上看到神。我们只有受过信仰的灌输，才会看到神。神是个有学识的象征。

尼采曾提出过那露骨的疑问："到底是人是上帝的一个失误，还是神是人的一个失误？"

最为重要的，宗教的功能是舒缓我们对自身必死、家庭成员必死、朋友必死这个绝对事实的焦虑。宗教向我们保证，虽然我们会死，却会永生。而且，只要我们相信，那么来生必是美好的。

一再重复的宗教仪式安抚我们对死亡的忧惧，功效无与伦比，而这功效力来自这些仪式的公开和集体的性质。团体仪式强化我们的幸福感、归属感和安全感。然而，这效力当真是有效，并能转化的吗？抑或只是隐喻出我们尚未理解的根本真实？当我们真正需要的是精神上的结合，我们是否已习惯安于机械式、习惯性的重复仪式？

我们是不是养成了沉溺于仪式，沉溺于宗教？对死亡的忧虑究竟是被纾解、被领悟了，还是只是被遮蔽了？要完全解除对死亡的忧惧，必须深入追究，而不能停留于一些盲目的仪式。

宗教的制约力量

历经千百年，宗教早已发展出另一种功能，也就是控制民众和规范社会秩序。宗教，因为有那些深植人心的象征符号，对其信众有无比的影响力。

宗教良心的培养制约了社会，并且可能会因禁止某种生活和举止方式而约束了原始的、具有破坏性的行为举止。这本身并不是问题。

宗教良心所衍生的问题是分化了我们的世界。也就是把那些与宗教制约行为并存的冲动、欲望和侵略性做了内在区分。正因为宗教意识的作用，我们会因内疚而产生重复行为。亨利·蒙肯（H. Menchen）把良心称为“一种内在的声音，警告我们可能有人正在观察”。

我们把自己分化了。所谓“好”人，具备我们的宗教行为，可以公开地表现。“坏”人必须隐藏起来，只能偷偷摸摸地表现出来。

外表看来，宗教良心的效力和其所导致的行为，在各个宗教间是相互抵触的。毕竟，如果我们的宗教行为就是一种道德纯正的表现，那么，所有其他宗教的表现方式，从好的方面来说，是被误导的。从坏的方面来说，不同宗教间的行为差异成了偏见、暴力和战争的理由。

我们之所以受到宗教信仰的道德力量的吸引，是因为它以强硬家长式的确定性，巨细靡遗地描述了应有的生活方式。宗教带来的这种对应该如何行为的担保，也包含了对不当行为的某种明确的保证。

当两个宗教的绝对确定性同时放在一起的时候，只可能制造出冲突。一方必定是错的，而错的一方必定是对方。

教友会信徒以其独一无二的简洁风格，做出了巧妙的形容："除了吾与汝，全世界皆是古怪，偶尔，吾甚而以为汝亦是古怪。"

活出宗教真义

透过对个人行为的修正、改造而对社会进行的某种控制，是测量宗教力量的工具。而任何权力都是代理人，宗教力量的代理人是传教士。

这些代理人是法律的诠释者，也是神的代言人。他们替静寂说话，这就是扭曲产生的起点。静寂并不需要发言人。

宗教，因其本质，制造了世界的分歧。因为宗教而起战争是最大的反讽。西方的宗教带来罪和地狱的观念，东方的宗教带来对贫穷和不公的容忍观念。宗教，作为文化的一块基石，是造成支离破碎的力量。

然而，宗教反映出一件极为重要且人人共通的现象。它将我们内心深藏的秘密，以一种公开的表达规范呈现给我们。不过，它只是个开头。

对那些无法公开的事情还没有深刻领悟之前，我们为什么要在这些公开的表达规范中寻求慰藉呢？没有这份直接的了悟，宗教仪轨只不过是无意识地重复着我们集体的、历史上的理解罢了。这种仪轨也将历史传递给当代。透过宗教的制约，我们一遍又一遍经验与该宗教历史有关的特质。这重复的经验带给我们熟悉感和安全感。

这公开的、系统化了的宗教形式，最多只可能重复提供这些历史的、仪式化的特质——除非我们深入追究。

＊　＊　＊

有位伟大的犹太牧师去世了，他将他的神职交给儿子继承。

这儿子本身也是个了不起的人，可是他履行神职的方式与他父亲大相径庭。

熟悉那父亲作风的信徒们，前来找这儿子。

“你没有遵照你父亲的做法行事。”他们抱怨。

这儿子回答：“我的确有呀。他不模仿任何人，我也不模仿任何人。”

* * *

任何宗教的历史核心都不是仪轨，而是那些突破仪轨，直接接触超越先前经验的人。他们并没有遵奉宗教。他们是发现了宗教，活出了宗教。摩西、耶稣、佛陀、老子、穆罕默德，都没有遵奉什么，他们只是表达了他们与生命实相直接接触所得。

但是我们却遵奉他们，而没有遵奉自己与生命的直接接触。事实上，我们只是遵奉那些代表这些神话人物的仪轨，遵奉控制这些仪轨的宗教阶级制度。

* * *

一名男子登上开往德里的火车，坐在一位印度教法师的对面。

那位法师喃喃念着各种经文，并且从一个袋子里掏出尘砂粉向空中抛去。男子按捺不住他的好奇，终于向那位法师请教他在做什么。

“我在用我的特殊虎骨粉庇护这辆火车，免受老虎的攻击。”法师回答。

“可是，”男子提出异议，“方圆千里，没有一只老虎啊！”

法师说：“有效吧？！”

仪式的妙处

所有宗教固化仪式的特性是最有趣的。所有宗教都持续地确保严格遵守前人指定的方法，创制特定的仪式，奉行特定的习俗，那就带来天堂、神迹、开悟或某一特定宗教所体现的确定性。

崇尚这宗教或仪式的心是人类灵魂固有的。宗教并不是思想的一种发明。宗教是思想与生俱来的表达。

思想面对的是一片无垠，是一股它无法控制、无法理解，甚至无法触摸的宇宙的能量。在这种认知之中，思想才可能沉于静寂。

思想也可能试着在思想与行为之间以及与周遭世界的关联中发现各种形式样板。这就是那崇尚仪轨的心智。它也是行为和人格的基础。它相信，透过宗教的方式，行为才能影响周遭世界。

透过静寂的心智，真相可以被察觉。行为，和行为预计影响的世界，出自同一个意念。没有思想者的虚妄，这意念便显露无遗。宗教之心和仪式都将停止。

宇宙其实并不分成思想和思想者。思想并不会凭着仪式性的行为影响世界。通过这结构瓦解成单一的实相，实相就可以被察觉。那儿有一种思想的自发运动，以及它投射出的思想者、行为、将被影响的世界和会做出回应的神。这就是真实。

要一个有宗教信仰的人正视宗教之心的本质，很困难。“什么是宗教？”以这个问题来质问宗教信仰，如何能不引起反应呢？宗教信仰能够消化吸收这个问题吗？或者它必须终止这个问题，或者对发问者作出相应行为来保护它的结构？

这儿所谈的信仰并非不顾证据的信仰，而是可能并不确定的信念。假使我们相信太阳从东方升起，那么反倒可能考虑挑战这个信念，因为这个信念是基于真相的。但是，如果相信太阳是从西方升起的，那么，挑战这个信念也就是挑战我们所相信的一切了。我们接受不了对整个信念结构的挑战，于是以反应、驳斥和逃避来终止这挑战。反应是看不清它本身，而会合理化自己的存在。反应自称为“信仰”，并宣称：“我信仰的是太阳从西方升起。”

只需要简单的观察就可证实太阳并不是从西方升起的。对那些相信太阳从西方升起的人来说，究竟能听进什么样的解释呢？

或许能说的只有这句：“你自己瞧吧。日出了。”

信念是不可能被确证的。它可以透过反应来辩解，可以凭借制约来强化，可以透过高压强制来扩张，但却永远无法知道它自己的对错。信念从来都无法承担发现自己其实是谬误的风险。

因为这个固有的不安全性，所以信念的破坏性如此惊人，使得宗教在历史上是产生冲突最大的来源之一。

信仰却不惧质疑或挑战。他不操心去说服别人。信仰是绝对的。它是信念者这相对世界的根基。

信仰是可以被剥离的东西被剥净之后的余物。因此，我们所能成就的并不是对神的信仰，相反，我们能达成的是神。

通过质疑我们的信念，我们就将找到这信仰吗？只有一件事是通过质疑我们信念而得到的，那就是疲惫不堪。不要因此而产生新的信念，认为通过质疑就会找到信仰。从信念到信仰，并不是轻松走十步就可达成的一种机械过程。它也不是凭有系统的质疑就可达到的认知过程。

信仰并没有失去，所以，也就不需要被找回。

12 改变的危险

抗拒改变是种危险。改变才是我们存在的本质。思想，在“我”中体现，是静态的，因为它只可能大致地接近生命。改变，是种运动，是充满变数的，它威胁到思想的统治。改变将否认思想和思想的中心，那个“我”。

我们能够拥抱改变，了解它使我们从无尽重复的思想和心理制约中解脱吗？改变是走出自我的唯一出路。不这样拥抱改变，我们会把我们真性的觉醒体验当做危机，而非转机。没有这样的拥抱，我们只可能剩下抗拒和被动反应。

思想的主宰强大，以至于“中心——我”为强化抗拒的反应。就算心智不再能作用，身体的健康瓦解，这个中心，这个“我”，还是不肯松手。

在危机达到顶点时，我们会试图讲条件，求得协议。假使允许我们存活，假使我们撑过去了，那么情况就会改观。我们会变好，更善良，更诚实。

这个协议不是跟魔鬼订的，这协议是跟我们自己订的。是我们制造了这个危机。是我们总在商议最终结局。一旦危机化解，我们将依然如故。我们并不想改变，因为我们无法改变。

我们是静态的、重复性的习惯——没完没了地重复着“我是某某”的思想。

改变是动态的。我们是静态的，我们不能改变，只能抗拒改变。我们抗拒是出于恐惧。

我们试图重建我们的生活、人际关系、我们的工作和家庭，以便能预见和控制它们。我们一次次地发现，这是不可能的。于是愈发拼命挣扎。控制生命是不可能的，这个发现，成了永远在不断扩大的危机。

然而，我们还是拼命地要控制变化。我们想要的，是动态和自由的，是自生自灭的，是短暂又变为静态的、可控的状态。但是，生命并不是如此的。

恐惧，推动着“中心——我”，是恐惧它自身的终结。但是，其实没有什么好恐惧的，因为没什么要终止。危机过去了，因为没有什么是要抗拒的。改变是能量不受阻碍的运动。它是生命本身的一种回响。

改变，凭借着我们的习惯、我们的抗拒与否认来渗透我们。改变是生命的真理。

不用靠人帮助，也不用靠诠释，我们可以直接地观察到这一点。我们找不到一样恒常不变的事物。

每一思想均有起有灭，每个由思想表现的结构——我们的身体、我们的家庭、我们的工作和社会——均在它展现的同时改变着。我们阻止不了这改变。

我们能够找得到某种不会发生变化的东西吗？

只有思想才相信会找得到。思想没有能力去察觉真实的短暂，因为，思想就是真实，却无法观察到它自身的本质。

认同这心理的盲点，认同这生命必须加以控制的观念，意味着我们已经与改变失去了联系。我们已经失去了与我们真性的接触。

改变就是自由。它是依附的终止。它是恐惧的完结。没有任何东西绑着我们，从来都未曾有过。

13 反应，投射与疯狂

思想的结构已演变成一个极精密的复杂体，即便是最先进的电脑也无法予以复制。这个结构，因为其精密度和速度，看起来和感觉起来都已经变得像是实体的、持续的、有实质的。思想已经变得自我参照，当衡量它的看法、意念和感觉的时候，把自己放在等号的那头。

思想把这种实在感投射在这个可见的世界里，又把它自己意念碎片的特质投射为这个世界。

这些特质，被投射出来，构成了我们在其中活动的这个宇宙。于是，这世界满足了心智所判断的预言，因为这世界就是我们的心智。

心智不仅只是我们所觉察到的、识别出的那些意念。心智它也是集体的、无意识的、历史的、基因的——是整体的人类心理制约。

我们看见一个男人或女人，我们用的是猿人的眼睛，也是用了采集狩猎时代人们的眼睛，同样也用了文盲农奴的眼睛，工业革命后新兴工厂中工人的眼睛，具备20世纪政治上保持正确的公民的眼睛。这些眼睛都是我们的眼睛。我们从历史、从记忆、从制约条件出发去看。

我们的教育、我们的文化、我们的语言，是建立在数千年历史积累的思想和记忆上的。我们的生物记忆、基因组成，是建立在数不尽的百万年思想上的。

这知识、信息、记忆的累积，是在一个更为狂乱的思想的操作过程中被吸收消化的。在这集体的思想网络之外，并没有基督徒、犹太教徒或穆斯林教徒之分；没有男人或女人之分；没有白种人、黑种人、黄种人或棕色皮肤人种之分。

我们的思想总和，就是我们所视为世界的总和。我们不见思想之外的世界，因为我们从来不曾寂寞，从来不曾没有思想。

思想活动就是真实在强烈地动。

思想的这一投射是种宏观思想的造物，这宏观思想包括了思想者、思想者的外在世界，以及这两项与造物主之间的关系。这“思想者－世界”的关系，只存在于对此思考的状态之中。它把完整的宇宙分成无数片段。而这些碎片在这个思想的过程之外其实并不真的存在。

由于这“思想－真实”全息影像的精密复杂，这个被投射的世界，我们已经将它的真实奉为了信仰。我们深入骨髓地对此信以为真，以至于一旦这“思想－真实”受到挑战，挑战立刻被我们以反应的形式自动吸收。

反应的功能是要通过否定挑战来保护这“思想－真实”，这个“我”。仅仅通过再一次地把原本完整的宇宙分裂，把受到挑战的特质向外投射，否定挑战就被做成功了。

遭到挑战时，我们责怪；遇到攻击时，我们反击；受到质疑时，我们辩护。

通过责怪，反应将关注点由“我”转向他人。我们绝对不担负责任。我们的世界，“我”的世界，本质上必须是个割裂了的世界。因为这样，我们可以永远在自身之外找到来担责任的某些东西。

但是，假使要为自己的整个生命负责，假使没有“别的”可责怪，那么，我们会突然间置身在另一个宇宙之中。在这个宇宙中，我们无处可以躲藏。

心理投射，作用

他人身上最让我们烦恼不安的，是我们自身未完成的东西。这一点，从心理学的角度一眼即可明白，我们也可以在我们的日常生活中，一直观察到这点。

惹烦恼的那东西，受烦恼的这自我，并不是两个东西，而是一个。烦恼之事和他人都是思想的投射。思想，非但没自行止息，自行地静下来，反倒分裂它自身。这分裂的、被投射的自我，是被创造出来的世界，而“我”居其之中。这个“我”受着烦恼，被他人烦恼着。

或许这一切都被另一个新的思想片段给消释了，我们称其为“解答”。我们造出某个问题，某种烦恼，某一冲突。然后，我们再加盖某个新的想法，某种解答。可是，问题并没有被消释，我们在我们的痛苦中变得愈发复杂纷乱。

这是一支复杂到难以想象的“思想－真实”之舞，时时刻刻与空无、完整和静寂的事实面对面。它靠我们的惯性、我们的惰性、我们的习惯维持着。这狂乱的分裂和反应程式会带我们进入一个身心逐渐分离的状态。我们的能量、我们的自我认同，都被头脑思维化了，与任何肉体的或相互关联的东西分离了。

这是精神错乱，是疯狂。思想已经与肉体分离了。

思想，为它自己的不朽而存在，并存在于它自己的投射中。如今，这疯狂之态在我们的世界中是属正常的。

如果连这样的疯狂都是正常的，那么，什么是正常态？

假使我们理解到这个世界的支离破碎是通过自我认同和思想的投射而来的，那会发生什么？我们因这理解而自由了、统合了吗？或者又另有状况会发生？

对思想本质的理解是在顿悟中发生的，并没有什么背景或者缘由。它可能与一桩危机有关，或是与我们生命中一些崩溃有关系，或和某一突然的死亡、某一损失相关。这顿悟如此彻底地震撼了我们的见解，以至于我们会完全地失去平衡。我们可能将失去我们的实在感，失去我们的“中心”感，失去我们作为观者的位置。

如今我们是谁？我们要如何行使职责？我们的行为举止需如何？如果我们没有了位置，那么我们所在又是哪里？我们究竟是否存在？

无所驻是人天生的自然状态。以往也许被认为是正常的。然而，在这个点上，我们也许会被告知说我们疯得厉害。

因顿悟真实之本质而出现的心灵危机，通常只会被当做疯癫。而支离破碎是认同思想即“自我”的本质，却被当做是正常。我们把事实颠倒了。有心观察真实之本质的人们，必须了解这一基础上失真和事实上颠倒。

因为，我们已经将事实颠倒了。在我们的世界中，通常不存在什么支持这顿悟、无所驻，以及统合。事实上，不可能有什么外在的参考佐证。世上并无疯癫，也没有正常状态。这统合与非统合的基本变动，是我们的本性。

摆脱无意识的定位

在共识的真实之外加盖物，把生命的目的定义为生产力、物质财富和宏观社会的稳定。没有这一层加盖物，心灵危机不会被感受为需要治疗的某种疾病或功能失调。

有了这层加盖物，统合与非统合的自然状态，变成了与心理健康关联着的一种诅咒。

这社会观点中的物质主义企图压抑或修改这统合与非统合。其结果是一批没有心灵、身心分离、支离破碎的人，活着，却毫无生活，处在日益沮丧的状态中，但却具有日常功能和生产力，成为稳定而可靠的民众。

缺乏“如何成为”这个模式的抑制性负担，就不会有什么东西来建构起经验。我们所展开的经历是自我启发的。我们不需要诠释。没有疯癫的负担，没有对自然状态的压制，统合就有了可能。

统合完全知晓“思想－真实”的运作，并不反对它。它与无尽的思想投射，或“思想－真实”的集体表现并不抵触。统合因为关注到“思想－真实”的本性，便知晓真实，看似有质，实为空。所以，对它没法做些什么，也无理由去改变它或者反对它。

统合在没有位置中安歇着。它需要无所驻。它的视界永远是辽阔的。

疯狂状态与正常状态的统合不在意什么规范标准，因为这统合没有可比较的位置。统合无法被逼疯，因为它与思想投射出的真实并不冲突。

统合可以与被投射的“思想－真实”沟通，互动。它天生就会沟通，因为统合包含了“思想－真实”所生起的那个空间。

统合是安歇的。

思想在意识的无垠空间内生灭。从思想的制高点望去，似乎存在着危机。从空间的制高点望去，只有静。

14　自我的崩溃

经过多次长时间的诊疗，精神科医生告诉病人："你的病治愈了！"

"了不起，"病人说，"当初我来找你看病的时候，我是拿破仑。如今我是个无名小卒。"

* * *

自我的建构必须要有认同。没有了"是什么"的感受，自我的观念便崩溃了。

每当细想自我的崩溃，我们便会想到精神错乱。然而我们已经明白，我们所存在的那个正常状态，其本质就是相当错乱的。它对我们的幸福、对我们周遭生活品质的影响也是错乱的。

那么，“我”的观念的崩溃，是否是我们的自然或正常的状态呢？没有了思想，没有了碎片，没有了记忆和投射，生命是否能够自发进行呢？我们要摆脱自我认定的中心或自我，是否得有个功能的必要条件？

自我，以它的地位、成就、身份、财富，来给自己加分；以遭受的指责、损失，以及影响、阻碍、限制，挑战它的那些外在力量，来给自己减分。这加减之间的辛苦摩擦，给予自我可触知的真实。

将对加分的认同和对减分的反应放在一边，还剩下什么？一个没有状态的状态，没有属性的状态，其状态无言可描述。受制约的自我的特质当下便被理解。这领悟来得丝毫不费力，带着从容，并伴随着一股强大的空性。

除了自由的表达，什么也不会留下。

我们可以洞察这深刻的理解，可是，我们真的要这份不包括我们的识别结构的自由吗？或者，我们还是要识别认同和指责？我们可以说，自由是显而易见的选择，但是，我们果真已准备去放弃加分和减分的自我识别吗？我们果真准备去接受自我崩溃吗？

当我们思及自我崩溃，恐惧便油然而生。这恐惧投射出自我崩溃后的世界，是一个疑惑无措、混乱失序、痛苦不堪的世界。讽刺的是，这个世界并不是我们想置身其中的。但是，这世界恰恰就是我们当前所处的。

如果我们停止我们的习惯性、重复性的自我前进动力，那我们会是谁？会做什么？我们害怕失去识别上的认同，失去家人、朋友和工作。我们不晓得一旦没有了目前的自我结构，世界会是什么模样。

终身自我囚禁

或许，我们该恐惧的其实是这些自我结构的持恒不变。如果说真有什么要害怕的，那应该是害怕会终此一生，却不了解自我识别认同，没有跟他人真正的沟通，没能发现友谊的深度，缺失意义深远的功能。这种要发生的事情才委实令人恐怖。

我们接纳这绝望的人生，换得已知的安全保障。没有什么比监狱更为安全的地方了。我们个人的单独禁闭室，那个“我”的禁闭室，正是我们这监狱中最极致的庇护所。

我们的铁窗之外是一片未知。没有安全保障，却是自由的。

我们不知道心智的铁窗之外有什么，因为从来都没有冒险一探究竟。当我们的恐惧投射出铁窗外有什么，其实恐惧无法知道外头究竟有什么。它无法跨出这监狱，因为它必须时时刻刻看管监狱里的囚犯。

然而，一旦自我崩溃了，这监狱之墙坍塌了，剩下来的究竟是恐惧，还是自由？

15 爱，空性和能量

我们常常感觉自己没有得到足够的爱。这反映出这样的现实：我们不去爱，我们无法找到我们爱的能力。

爱并非彼此间相互给予的东西。在爱中，没有主体，也没有客体。

爱，是在没有主、客体之时、没有彼此之时，所显现的东西。

不被爱的感觉其实是需要爱，需要终止那被割裂的世界——我们的自我就寄存在那里。

这一终止，不会通过某人爱上我们而来。

这一终止，也不会通过我们爱上他人而来。

爱并不是偶发的。它无法被造就出来，它无法被锻炼出来，它无法被教会。

我们可以深入检视自己是什么，从而看清思想、记忆和自我所固有的分裂结构。我们可以终止。我们可以停滞。

爱，正是生命的那股能量和表达，完完整整的。思想无法接近这能量。语言无法捕捉它。

整体的这股能量是无法被利用、被分割、被挥霍浪费的。

它是我们所有人，它是我们每一个人。

这不是我们问题的那个解答，它是静寂无声的问题。

已经看到了思想和自我的本质，也许我们可以通过这扇大门，进入静寂。

我们已经离开了支离破碎的世界，进入某个完整的，却是空的东西中。如果其中没有命名者，就没有名字。如果没有主体，也就没有客体。这就是“空”。

这儿有巨大的能量，因为没有东西消耗这能量。这儿有伟大的创造力，因为没有东西限制这创造力。

通过心理层面的自己，这“自我－中心”就消停了，没有什么会失落。从静寂中无垠地伸展开去，生命的能量得以表达。

这能量的本质，因为超越了因果论，因此是未知的。它无法被观念拘束，无法被思想操纵，无法被另做他用。

我们不是这能量的经验者或探索者。我们就是这能量：表现着，探索着，呈现着，分解着。

16　超越语言的沟通

我们必须警觉到，对于意识与真实的本质的深刻思索并不产生更多的观念、哲学、心理制约。

有了这份事先警示声明，这些文字才可能被读懂。这些话并非给那些只有三分钟热度，非全心全意，或想增加知识的读者们做研究用。

只有在我们的生活现实中深刻反思这些话，这些话才有价值，尤其是语言无法传递的部分。

缺少对我们自己思想结构的深入的审视，言语就变成了陷阱。但当思想暂歇，从中自发的静会给言语带来力量。

我们不需要新的意识形态，但是，对我们每一个人来说，都有一个发现我们存在真相的急迫的需求——自我体验。这个自我发现是无法被教导的，必须出自自身的需要。

然而，一旦发觉这自我发现的运动出现，我们便感到沟通是种必需的义务。对沟通的这一需求，直接来自于认识自己与周遭一切是根本相连的。沟通是这个认知与生俱来的东西。我们没有可选择的。

沟通可能透过言语，或行为，或静寂。只要这沟通不是意识形态，或有制约对方的企图，沟通的形式不是很重要的。沟通并不是传达观念想法，而是传达静寂。

沟通不是从某个点出发的。它也不是知识对无知的发言。沟通的目的并不在产生权力、拥护者或组织。

沟通是自由的神圣洗礼，是爱的恩赐。

无论在生命中有什么样的领悟，它都不是为了独善自身的。我们的发现或领悟只在人际关系中具有意义，而沟通正是人际关系的表现。

沟通，如今已意指语言文字，其意义已根植于给予、告知、传递质量中。

在英语中，“沟通”与“共享”——分享行为以及“社区”（由个人统一起来的团体），用的是同一个词根。

如果沟通是人际关系的表现，那么，这一表现的形式又是什么呢？我们如何实际有效的沟通、给予、告知和传达呢？

回答这个问题是一个活的实验，期间我们每一个人都投入了心思。今天在我们的世界中能找到的表现形式，并未反映出“社区”、“共享”和“沟通”。

人际关系的表现是沟通、分享、爱，它需要找到形式。这化为形式的变动正是人的肉身、家庭、社会和世界的转变。这个变动的发生，剧烈地更替，可能不受思想、观念的投射，或者意识形态的掠夺和扭曲吗？

这举世皆疑的问题，在我们生活的实际发生的事务中，被直接地、非常个人地提出，最为中肯。如果我们在寻求意识形态的安全保障，如果我们只以求生存的方式来使用人的功能，如果我们活在与周遭世界的分隔中，那么，这种更替已经遭到了抗拒。

必须改变的并不是这世界，而是我们。太过复杂的不是这世界，还是我们。政客们、传教士们和各种公司并不抵制一个有人性的、富有同情心的世界，而是我们。

当我们用妥协来换取友谊、婚姻和家庭时，我们才是日常生活中每一桩讨价还价和不诚实事情中的政客。当我们把生活仪式化，当我们拒绝检视自己生活所依照的观念和意象时，我们就是传教士。我们才是公司，因为我们污染环境，浪费资源，贪得无厌，以牺牲他人换得自己的保障和利益。

让我们停止吧！我们没有必要这样去做。

能量交换

通过对人际关系本质上的了解，我们还会发现，问题和解答皆在这了悟中消散。

这时，我们的行动是自然而然发出的，没有恐惧，没有割裂。我们开始在生命中行进，不受记忆投射的思想的干扰，从静寂的深刻中走出。这个行进是完整的，它往返于一个共同的起点，这就是沟通、共享和社区。

当我们察检我们这个世界的本质时，我们便会得到一个非常简单的发现。这个发现就是：看起来我们只不过是在这世界之中，事实上，我们就是这世界。

我们再也找不到自己与周遭的绝对的割裂处。我们发现，我们的行为影响到我们周遭的人与事物，而我们周遭出现的人和事物也影响到我们。如同量子物理学家所提出的物体不可分离理论，我们发现自己影响到我们世界中所出现的独特且不同的构成元素，同时也受这些元素的影响。

这沟通，这能量的往返穿行，这爱的表达，都会让我们发现自己并没有与任何东西分割开来。但这非但不是故事的终结，而且，仅仅是开了个头。

17　生存的挑战

我们觉知到自己就是世界，也就觉知了自己在世界之中。这深刻的、根本性的接触不允许心理或肉体的退缩。再也没有洞穴，没有遥远的空间，没有受管制的幽静观景点可供躲藏。

这接触，是这个基本世界在其所有形式上转变的开始。接触这世界，并不怀有将它改变为什么的意图。接触这世界就是个改变。是意识接触到真实而警示了它。是觉性接触到思想改变了它。

这一切对我们的日常生活有什么含义？我们已明白是我们的思想创造了自我，而这个自我是杜撰的虚幻，但我们以这虚幻为本，为世俗运作我们自己。

但是，我们还是发现我们自己面临着生计、金钱、人际关系、性、政治、社区、家庭等问题。

* * *

为了寻找避免出现这类问题，曾经有个人决心简化生活，穷其生命去发现永恒。他舍弃一切，坐在一棵树下沉思宇宙之道。他仅有的财物是身上那块缠腰布。当然，仰慕者和门徒便纷至沓来。

一天，他发现有只老鼠在咬他的缠腰布，便问门徒怎么办。

“您得养只猫来赶走老鼠。”门徒建议。

于是他养了只猫。

可是，猫却待不下来，于是他又问门徒怎么办。

“只有拿牛奶喂猫，猫才肯留下。您得养头母牛产奶。”

于是，这个修行者养了母牛。可是母牛需要吃草。于是他找了个仆人来放牛。可是仆人要求把家人带在身边，于是那一家人都来了。他们需要一座房子来居住。而那头母牛也繁殖了一小群牛，好养活那一家人。

就这样，修行者未几便忘记了它简单的生活和深思宇宙之道这回事——单单为了一块缠腰布。

* * *

即便是我们明白了物质的局限性，我们也无法逃避自己的物质化。对我们本性的深刻领悟能否清楚地指明我们生活是如何运作的吗？这能付房租吗？能糊口吗？能付账单吗？

如果不能，那能做什么？金钱是如何购进又如何支出我们的生活的呢？还有，金钱究竟是什么？

金钱是一个大禁忌，如果我们自认为是重视心灵的人，更是如此。我们要不就是苦于金钱的匮乏，要不就是为过多的钱财而感到负担。我们成为金钱的附属是由于恐惧，由于缺乏安全感。我们处理不好我们的钱财，因为我们处理不了自己的恐惧。我们在绝望中牢牢地抱住自己对金钱的习惯。我们找专家来咨询、指导、治疗我们的惧财症和爱财症。

* * *

有个男子去看心理医生，医生宣告该男子的毛病出在太过眷爱物质。

“你能治好我吗？”男子问。

“当然可以，”心理医生说，“诊疗费 500 美元。”

* * *

很容易就能想到些有关金钱的格言来。销售量以百万计的畅销书教导人们如何做个“金钱机器”，如何“吸金”，如何做块“金钱磁铁”。这些畅销书的作者以自己卖书为例，证明他们的观点。他们并不了解金钱，他们了解的是贪婪。

即便是理财能手也似乎对金钱战战兢兢。罗素曾说："就算让全世界的经济学家集聚一堂，也达不成什么结论。"专家就像是专行预卜仪式的传教士。

贪婪就是我们解决个人需求的答案，与我们所处的世界分离着。但是，假如我们不再奉行"我"，那么，我们也就不再奉行贪婪。

当我们行动起来不再出于贪婪，也不出于恐惧，那么，什么将推动我们去追逐金钱呢？

当我们的行为举止不再出于恐惧和贪婪，那么，我们会从事什么样的工作，创办什么样的事业，集结成什么样的组织？没有自我"中心"作祟，我们接触的一切，所做的一切，全都会被改变，这点有没有弄清楚呢？深刻的静谧进入工作场所，使得我们的工作并不是制造精巧机器，或贩卖精巧机器，或推测精巧机器的前途——

我们的工作成了这根本的静。

假使这根本的静确实就是我们的工作，那么我们所做的细节，实际上的工作或活动，都成了这静谧特质的一种投射。这静的特质成为我们工作的环境。

这时，对我们来说最为触目的不再是这份静和在工作中对静的体现，而是对于由静所表达出来的东西的各种侵犯。因为静已经成了常态，而冲突成了例外。工作中假使有冲突、压力、破坏，就会凸显出来。

既然静是我们的工作，那么工作中起冲突的事，就必然需要有化解的办法，否则工作就会变质。一旦这个静成为我们生活中最关切、最重要的东西，我们便无法继续从事那些破坏性或扼杀生命的活动。我们无法为了金钱而伤害自己，伤害别人。在炸弹制造厂之中，不可能有根本的静。

这时，我们也许会理解到我们的工作中有多少成分是和订单、联络和停滞不相干的。我们可能会看明白有多少成分是关乎竞争、权力、地位、恐惧和生存的。

工作的报酬

心理时间是记忆投射出来的，它是未来也是过去；它驱使我们工作，因为它驾驭着金钱。“时间就是金钱”这句名言已成为社会接纳的观念。我们工作，是为了将来我们会老得无法工作，却还依然需要金钱。我们工作，是因为房租或房贷还得到期缴纳，或是因为日用品又得再添购。对将来生活困乏的恐惧在驱使着我们，而这样的恐惧和驱使已经有千百年了。

但是，假如我们的工作，就是深刻的静谧，那么，我们的工作日就没有开始或结束，也就没有退休，没有将来或过去。

这深刻的静谧的工作，跨越了时间、未来和恐惧，有没有很好报酬和福利待遇？

事实上，报酬不多，只是适足，适足或许不是我们期许的、想要的，但是它足够了。

报酬适足并不是“飞黄腾达的意识”，也不是“创造自己的真实”，更不会让书本大卖并满足各种幻想。适足可以比我们曾经考虑过的简朴更加彻底，但是，它是对我们生命的回应，而不是回应我们的贪婪、自我中心观、强烈的欲望和心理强迫症。

如果我们要满足我们的贪婪和心理强迫症，就一定会舍弃静谧，追求充裕，我们又一定会再回到思想和割裂的世界里。在这个割裂的世界里，我们可以操纵真实，使它在我们的物质欲望中折腰。这是可以轻易办到的。我们可以创造财富，飞黄腾达。我们希望能得到再多一些，更多一些，直到盈满。到那时，我们便功成名就了，我们也拥有一切了。

可是，我们永远不可能盈满，我们只可能消耗。我们已经忘记了我们是空无的，已经忘记自我是不可能填满的，因为它在现实中并不存在。自我只可能消耗，它永远不可能盈满，它也永远不可能停歇。

认清这一点，我们便可以用不同的眼光看待我们的需要。我们其实已拥有足够，并不需要比适足更多的东西。我们其实真正需要的不过是稳定、爱、与人的交感互动罢了。

认知这深刻静谧的酬劳是适足。赚的不多，但是通盘考量，也算是公道。毕竟，适足使得我们每个人都拥有，没有人会被落下。

同样，我们与金钱、与工作的关系都是受到条件制约的；社会表现形式、组织结构（如家庭、教育和政府等）也是同样地受到条件制约。社会表现形式是宏观条件制约的一种形式。这些大规模的行为模式是众多被制约思想的总和。

由于这些形式都已经历了长时期的演进，因此，它们会如同生活中无意识的背景衬托一样，往往不受质疑地存在着。

如果我们开始质疑自我的本质，我们也就开始质疑整个社会结构。

这个结构在受到深刻质疑时会产生什么样的变化呢？我们是否愿意以一种不受这些形式制约的方式来生活呢？

假如亲密关系的出发点不是繁殖后代，男女关系持续的基础不是虔诚的婚姻，社区组成的基础不是求生存，政治组织的出发点不是防御和安全，那么会发生什么情况呢？

我们是否能够想象这样的生活呢？事实上，随着世界急速转变，我们可以看到一些这样的情况发生，但是这种变化是无意识的。这改变后所产生的形式，反映出与以往主导形式相同的隐藏着的恐惧。

婚姻的本质

当对生育的控制、宗教影响的元气耗散，以及现代生活的压力等因素结合在一起，产生了以连贯式一夫一妻制为实体的婚姻时，传统婚姻就已经开始瓦解了。不过，婚姻是从何而来的？一夫一妻制又是从何而来的？这些形式是如何被接纳、又被保护起来的呢？是否有其他形式正在出现呢？

男女关系并不是两人对彼此的相对地位、财产和心理进行讨价还价。关系是对这世界本质进行过深入剖析后的分享。这分享、这关系，不能仅仅限制在夫妻之间。它在本质上也是必然地包括了所有希望被包括在其中的人们。

我们可能觉得，只会有一个人愿意和我们携手共走这旅程，但这并不是一些自然法则所呈现出来的。我们的社会、我们的教育、我们的宗教都会强化这个观念。然而，假使亲密关系只限于跟另一个别人，那么我们的孤立、寂寞、恐惧，岂不只是扩充成两个人的？

假使男女关系是对共有生活的一种认定，那么，这一认定不会为任何什么界限而停止。

假使没有了界限，我们就会开始已有的假设——所有被灌输的有关男女关系的假设。

婚姻，不会因与外人隔绝，把我们爱的感觉集中在某一个人身上而牢固。这恰是毁灭婚姻的种子，是婚姻活力的枯竭，如不是婚姻死亡，那就是在婚姻之中死亡。

其实，婚姻可以是爱和自由的发扬扩大。这要求两个人都是自由的，而且不把他们的爱划定在单一关系的界限之中。

社区的基石

社区，如今以共同保护个人所有物、疆域和地产为基础，却正在日渐松散。那么，社区是否能建立在其他什么东西的基础上呢？

* * *

有个学生去拜访玄士并恳求开示天堂与地狱的差异。

玄士终于心软，带着学生下至地狱。

在那里，学生看见好些人围坐在一张巨大的圆桌前，每个人手里拿着一根六尺长的汤匙，而这汤匙勉强够得着桌子上的一个硕大的炖锅。那炖锅里盛着的是世间至美的珍馐，仅是那气味就令观者垂涎。

但是，这些被打入地狱的人，却无法将汤匙送入他们自己的嘴里，因为这汤匙实在太长了。那些地狱中的人痛苦极了。他们没办法喂饱他们自己。他们在挨饿。

学生惊恐万分，但是他还没见过天堂。

玄士带着学生穿越了广袤的宇宙，抵达天国。

在那里，学生看到一张同样巨大的桌子，周围也坐着好些人，桌上摆着同样的一锅珍馐，每个人手里拿着同样的六尺长汤匙。只不过，天堂里的人有说有笑，非常快乐——因为他们彼此喂食。

* * *

假如我们细察我们存在的核心，也就是这些社会结构的基础，那么，是不是会出现某种新的东西呢?

如果我们无为，不加以阻止，社区（或共生体）就自然而然地从我们的生活中表现出来。它是人性所固有的本质，是我们彼此相连这事实的表达形式。

我们阻止自己进入社区的行为不胜枚举。我们执着的每一个观念、认同的每一种恐惧，都在割裂我们。

我们把生活的某个细分方面认作自己的社区。我们缩小世界，并将它具体表现在我们毫无个性的住宅楼房中、装了有色玻璃的汽车里、以电脑和电话维持的沟通上。这是孤立、恐惧和痛苦的表现。

我们已经让我们自己停止与人交心并融为一体。为什么?

社区需要我们把生活彻底单纯化。一旦我们与生俱来地彼此相连，而不是把求生存当做我们关注的焦点，那么，我们的生命用来做什么，又以什么方式来做，都会彻底改变。

社区所呈现的样子其实是对我们集体认识的一种投射。对我们的孩子而言，有关爱他们的父母是很重要的。同样地，当孩子降生到这世界，有一个富有关爱的社区接纳他们，也很重要。

如果我们要养育子女，我们就必须养育社区。不然，我们在当代社会中已经接受的隔绝的状态，会延续到我们的孩子身上。

这些新式的社区能够从意识形态中解脱出来，并能够建立在对关系的直接感知的基础上。决策是如何做出的？钱财是如何保管或分配的？所有权都是些什么？年轻一代是如何被教育的？病人和老人是怎么受到照顾的？对诸如这些问题的探究，形成了这么一个新社区的基础。这就像对于生命的看法一样，如此的一个社区也将一直在运动，在变化，在自我启发。

这种社区的功能之一，必然是帮助那些生活在我们周围而亟需得到救助的人们。我们对提供帮助的看法，往往会被我们的“帮助是什么”的观念所蒙蔽。

付出自己创造关系

生活处于匮乏中，最明显的表现是没有吃的，没有住的，然而，对贫穷最为直接的了解，却是接触不到人们的彼此相连。这种减缩，断绝生活和维持生活所需，是贫困的根本结构，而这个根本结构，又被物质贫乏这一外在环境给强化了。

我们也许可以满足另一个人的物质需求，但是只有处理好与那个人的关系，才能真正地设法了解并解决那个人的需求。我们也许可以给人食物，甚至教他们耕作，但是，要理解并处理贫穷，这样做是不够的。这个回应不够深入。

要找出圆满的回应，就必须深入自身的存在。相形之下，给予人钱财，一时之间觉得自己付出了、做了好事、有同情心，其实是比较容易的。

事实上就没有给予这回事，因为没有拥有这回事。对我们一生中所累积起来的财富，我们也许只是个监理人，但绝对不是拥有者。我们所有人都是两手空空离开人世。

我们对于布施这德行的着迷，推动着绝大部分我们想象中的利他主义行为。我们会因做好事而感觉好。但是，感觉好，就意味我们做的是好事吗？要是实际上我们并没有拥有任何东西，无法给予，那么我们就失去了给予的快感。那样一来，是什么推动我们的慈善？

对那些有所需求的人给予配给，是我们人生在世一项主要的生命功能，也是我们的一项基本需要。给予者需要给出去。给出去，是我们的需要，因为我们需要与我们周围的生命相处在丰富而完整的关系之中。通过给予关系，我们领受关系。

各种人际关系需要我们在慈善中必须有智识。这个智识可以辨别。给予某个并没有需求的人并不是赠与礼物。给予一个本来就有能力自给自足的人，是具有毁灭性的。在这一情形中，是沟通，而不是给予，才是人际关系的真相。助人者是否愿意把做慈善的角色放在一边，为了帮助对方，向他指明他所具备的自助能力呢？或者要问，我们是否过度地沉浸于做老好人了呢？

还有，当我们帮助那些真的没有自我料理能力的人时，他们在人的特质上又发生了些什么呢？我们千万不能只帮他们解决物质上的需求，而且，也是更为重要的，是要开始参与到和他们所建立起的相互关系中。没有人际关系的给予，是把人们给物化了。得到喂食而饿死是有可能的。对心灵的饥饿给予回应是我们要放在第一位的。

再多的温饱和居住场所也解决不了人类的处境。我们的处境是我们的观念、我们的心智、我们的虚妄所造成的结果。我们的助人之责就是建立彼此相连关系的责任。在关系中，我们发现，由思想制造的割裂，融合为完整的一体。

18　健康、疾病与老化

身体是意识与真实，能量与物质，静寂与心智的交汇点。因为它是交汇点，所以，它既不是两者之一，又可以两者皆是。或许，把身体想成能量的转换器，是比较精确的。

物理学家用“机率波”这个词语来描述物质的最小元素。这些元素只在处于观察中才存在可定量的特性。在没有处于观察前，它们只有趋向性或可能发生的概率，并没有客观实际。

当我们仔细观察自己时，身体明显而纯粹的肉体本质消失了。我们开始看见自己有肉体层面，还有心灵层面，而这两个层面都无法分离独立。

我们可以通过应用心理焦点的改变来改变肉体状态，例如建议、施压、观想和各种安慰剂的效力。我们也可以通过应用生理元素的改变来改变心理状态，比如药物、食物和身体创伤。

有鉴于此，我们显然必须要非常关心我们的饮食、运动，揭示各类环境对我们的影响。没有一本书能精确无误地告诉我们如何维持健康，该吃些什么，该如何运动。但是，我们的身体可以告诉我们这些。这方方面面的每一项，影响我们整个身心状况，而身心状况会影响我们对生命整体的感知。

深入反思，我们也许还会察觉身体的疾病与老化的本质，是作为记忆的思想在做的运动。这记忆可以被编码植入在基因构成、行医文化之中，也会嵌入在应用于我们生活的身体和思维习惯之中。

思想，作为记忆，使它自己永存不朽，通过这一途径我们可以看出，我们的身体，我们的疾病和老化，都是这个记忆的某一种表现。

没有一套健康体系，也没有什么科学发现对疾病与老化的根除有过什么深刻的影响。我们“征服”了某些疾病，但是新的疾病又出现。我们运用技术延长了我们的寿命，却又发现了伴随长寿而来的是寂寞、沮丧、心理不适，以及身体的持续衰败。死亡仍是个不争的事实，只不过是被延期了而已。

我们把身体看做是一种机械系统。在本质上，身体的生化模式是机械性的。医生们在生物学、生化学和物理学方面接受了严格的学院式训练。而这只是整个图景中的一小部分情形。

即使近来纳入了东方医学的假说模型和技术，我们依然机械性地看待我们的身体。我们知道这是个不完整的观点，知道有一些现象是科学无法解释的。知道安慰剂的效力并没有被解释清楚，但是，我们接受了它。我们也知道医学假说模型是根据统计结果而来，治疗法往往只有统计学上的意义，并没有真正地被了解清楚。

我们的医疗诊断是在判定概率，而非判定事实。医生收集有关症状的信息，通过分析某一症状与某一特定疾病有关的统计概率，来做出诊断。如今电脑系统模拟这项功能，而医学院多使用这种电脑系统。但这些电脑系统是利用18世纪的统计学理论来做诊断，电脑程序只随着搜集到的信息增加而调整概率，直到概率显示某种特定疾病出现了。

只要某种药物在疏解某种症状上具有统计学上的重大概率，不管是某种类似的机器，还是医生，都可以配药。

在这症状概率与治疗概率的连锁关系中，谁是病人？病人难道没有被当做是机率波，犹如量子物理学家所说的未经观察的物质吗？观者难道没有凭借所看到的事实，也就是诊断这事实，而把概率变成了物质，把人变成了一种具体化的症状与治疗复合体吗？

量子物理学描述了一项新的医学范型的部分元素。在次原子宇宙里，只要没有加以观察，没有什么东西是与生俱来就有位置或物质性的。这观察将概率的世界转变成一个确定的世界。

观察的效应是概率变成了现实。可是，这概率是无法预测的。物理学家会坚持这样的主张：在次原子世界中，真实的实现是完全随机的。随机性会产生模式，不过这看起来挺聪明。数学家们会推导这样的期望：猴子随机敲打电脑，只要有足够的时间，它也会创造出莎士比亚的全集。如果所给出的时间是无穷无尽的，那么随机性真正的创造力量会是什么样的呢？

次原子世界被描述为没有位置、彼此不可分割、不具客观属性的存在。这门最边缘的学科看起来倒似乎有些像神秘学家所描述的世界了。

假使量子物理学描述的是一个神秘世界，那么，我们的医学假说模型怎会如此机械性，如此缺乏灵性？要回答这个问题必须看看物理学的发展史。

唯物观影响深远

1687年，牛顿发表了他的数学原理（Principia Mathematica），这发生在嘟嘟鸟（dodo bird）绝迹后没几年。牛顿的工作意义重大，因为这个研究为物质世界总的预测和操控打下了基础。它像是一段旁白，引出了一个唯物的、机械性的宇宙观。

事实上，牛顿的物理定律是智识的奇迹。但是，牛顿之后的人，对这些原理的吸纳和扩充，却创造出一个没有灵魂、没有心灵、没有神性的宇宙观。

牛顿证明了宇宙具有物质性和机械性这一本质。牛顿物理学所表述的世界是个因果律的世界。它是可以量化、具有可测量性和可预见性的。但是，牛顿错了。他忘了一样事实：观者。同一现象（比如光速）的观者不同，意味着有不同的观察，于是，突然之间，绝对的东西变成了相对的。

爱因斯坦注意到了这个问题，还有牛顿物理学中相当多的其他问题，并在20世纪初叶，就开始陆续发表有关物理世界中大规模运动的理论——光速、万有引力和时间。他告诉我们时间是相对的。他提出了著名的双生子矛盾论，就是说，如果以足够的速度将双生子中的一个送上太空，再返回地球时，他会比留在地球上的那个双生子年轻。假使时间是相对的，那么接下来就会问：什么是时间？

现如今，物理学家们开始讨论四个维度的时空，时间的减慢或加速是牛顿所描述的那个绝对世界的相对性。牛顿的绝对世界现如今变成爱因斯坦的相对世界。

但是，或许爱因斯坦也没有料到物理学会有更进一步的发展：量子物理的世界。

从牛顿的绝对机械世界转为爱因斯坦的相对世界，这转变固然深刻，但与之相比，转入到量子物理世界，这转变更为彻底。爱因斯坦忘记了一点，而他居然遗忘了的这部分，实在激动人心。他所遗忘的东西就是“意识”。

意识革命

物理学家们早已发现他们在场，也就是观者意识的存在，彻底地影响他们所观察的这个可量化的真实。

物理学家约翰·惠勒（John Wheeler）说得最为简明扼要，他写道：“今日量子力学的主要特性，以撼人的力量清楚地告诉了我们往昔哲学所提出的思想。说起来带点奇怪的感觉，这是个参与性的宇宙。”

物理学家尤金·威格纳（Eugene Wigner）写到：“没有意识作为参照物，要想完全连贯一致地制定量子力学定律，是件不可能的事。”

把意识的领域纳入物理的世界，带来了一些激进的、具有巨大魅力的概念。比方说，意识对可量化的、可测量的次原子现象有什么效应？物理学家佛纳·海森堡（Werner Heisenberg）提出，在次原子世界中，人观察这一现象都不可能不使之产生改变。他更进一步地指出，尽管次原子分子的某些部分是可测量的，例如动量，但是，它的位置却无法同时被测量。就某层意义而言，真相将永远是模糊的。他写道："原子和基本分子……构成一个可能性的或概率的世界，而不是某种事物或事实。"

他把未经观察的或无意识的现象，描述为"机率波"或"某种趋向"："它引出某种介于事件的概念与实际事件之间的东西，一种夹在概率之间奇特的物理真实。"

与此同时，爱尔兰物理学家约翰·贝尔（John Stuart Bell）在后人所称的"贝尔定理"中证明，任何两个原子一旦相遇，便永远相连或相互影响，不管它们之间的位置或距离多远。这普遍的相连性，超出因果律的范畴。物理学家认为，因或果以光速为界限。贝尔所描述的效应是超光的——比光速更快。

贝尔定理的含义深奥，它暗示神秘学所说的：宇宙是相连的，没有真正的分隔，此处发生的可能立即在彼处产生作用。贝尔的研究指出了有个超越因果律、超越过程、超越时间的效应。这效应显示了有个科学能加以描述，却无法作出解释的特性。科学已超越了它自身的理解力。

这门最边缘学科所描述的，正是与意识进行的最初步的科学性接触。正如我们先前所述，意识根本地改变了它所触及的一切。科学范型质变了，而随着这项改变而来的，是科学所接受的概率的扩展。

量子物理世界远远超出少数几位才华横溢而孤独决然的科学家们所共同计算的结果。事实上，这个新的范型的科学描述才刚刚开始。而在它所描述的世界中，意识影响真实，宇宙中某一点的变化会改变整个宇宙，而真实如果没有接触意识则真实并不存在。

300年来的偏差

牛顿物理学及其固有的唯物主义，经历300年才被发现是个错误的岔路。在那三个世纪，牛顿物理学的观点已被吸纳进了我们的世界观。它浸透我们的真实的每一个面向。凭直觉它告诉我们，世界是机械性的、可预测的。

也是在那三个世纪里，我们发展出许多符合这唯物主义的科学原理。而从其中，孕育了我们的医学、心理学，我们对时间、老化和终亡的看法。在牛顿物理学的世界里，这些全都是机械性的、可预测的，及物质化的。

相对论和量子物理的真实，这新的范型迄今为止还没有被接纳吸收。有一部分甚至还没有得到科学家有系统的解说，还没有单独地与大众文化统合。

然而，这个新的范型，这变化无常的、相连的、被意识转变着的宇宙，数千年以来，已被认识到了，被系统规范了，并得到了很好的说明。这是神秘主义者们的认识。印度教的吠陀经、犹太教的卡巴拉神秘哲学、索菲教派的教论、基督教的神秘学和道教的贤哲，都描述了这个宇宙。由于科学终于认识到它自身的神秘主义，观点的转变、意识的转变，也会改变我们的医学。

在这个转变中，我们会看见运用意识来应对健康和疾病的挑战。也仅是在不久之前，主流医学才承认这些凭直觉观察就可得到的明显事实：松弛状态影响着心脏健康，视觉形象影响着免疫功能，重复的声音或梵咒影响血压和其他身体系统，祷告使身心恢复健康。

运用意识对明显的物理系统进行改变，才刚刚开了个头。对健康进行意识建模，是人类的无限潜能——一旦我们变得有意识。

事实上，我们会发现到意识就是健康。这知觉的天然状态，是在以一种与生俱来的平衡方式，效仿真实呢？意识是否会老化？意识是否会死亡？

科学对意识的属性所知鲜寡。只有原型和神话才试图描述意识的宇宙，在这个宇宙里，存在着老、病和死亡之谜的答案。但是，我们每一个人都有能力连接神话与科学、物理学与形而上学、物质与神秘。这相连是我们生来具有的权利。它正是存在的本质。

意识与物质交会

真实，只存在于这个交汇点，也只因这交汇点而存在。

我们既是意识的表现，也是意识的物质体现。

意识缺少物质就没有了表达形式，物质缺少意识便没有了真实。两者缺一皆不存在。

因为我们处于这意识与物质界面联结关系的每一个节点上，所以我们两边都可介入。我们对物质的操纵了解甚多，但同时，对意识的本质却知之甚少。尽管我们的科学知识，对物质世界的描述，足以塞满一座座图书馆，我们却没有一个意识的实践理论。

然而，如前所述，物理学家已发现，意识一旦接触物质世界，就会彻底地将它改变。这改变是超越时间的。它不是一个过程。

意识，是我们每一个人可以直接体验的，而它彻底改变了我们。这个改变也是超越时间的，它也不是过程。

意识对疾病的效应又是什么？它是否彻底改变病业？我们每个人都可接触意识，没有什么可囿限我们的研究探索。

我们的意识对疾病产生什么样的效用呢？它是不是根本地改变了疾病的复杂性呢？我们每一个人都能进入意识，没有什么东西会限制我们的研究。

患病时，我们的意识状态是什么？我能不能停止忙碌状态，停止时间表，停止习惯，发现意识的清醒状态呢？在这停止的刹那，这无事而为的刹那，这与生命能量接触的瞬间，会发生什么呢？

抗拒停止、抗拒静、抗拒接触生命能量，就是疾病的过程本身。身体需要意识，需要生命能量。它在挨饿。疾病就是身体处于饥饿状态，它所饥渴的，不是食物，而是意识进入我们肉体的每一个细胞。

这慢性意识饥饿症，在肉体慢慢的衰退和老化中显现出来。它是患病的过程，是老化的过程。它机械性地印刻在我们的记忆中、基因里。瓦解肉体，破坏肉体与生命能量的最终融合，这是个无情的漫长行程。

我们老化，是因为我们被告知我们要老化，因为我们记住了要老化，它成为了我们最根本的生物记忆，我们遗传代码的一种表达。

可是，我们一定要老化吗？许多生命形态是再生的。有些简单的生命形态事实上是永存的。意识对老化的过程，对遗传性物质的记忆，产生了什么样的效应呢？

面对意识，死亡本身就成了一个疑问。当死亡面对意识时，会发生什么？

这量子的、神秘的、奇妙的宇宙，有根除疾病、老化和死亡的潜力。这个宇宙已经存在着，我们也已经在这个宇宙之中了。我们仅仅是受这几千年来直线思维的制约。这种思维无法透彻理解一个非线性的、非立体的、没有时间而变化无常的宇宙。具象的思维无法想象一个透过其固有智识而显现出来的纯能量的宇宙。

根除疾病、老化和死亡的可能性，是在于将一种崭新的、未受制约的能量融入体现个人的身心丛络

(psychosomatic plexus) 之中。这能量，从思想的束缚解放出来，也从记忆的羁绊中解放出来。这能量注入身心的制约条件，从而转变这制约，可能是下一个进化的跨越。

我们对这能量知之甚少。世世代代以来，许多人曾试图将这能量引入物质世界——玄士、巫师、冶金术士、物理学家。我们在疾病自发的缓解中、超自然现象中、奇迹般的疗愈或许还有一些临床上起死回生的事例中，一鳞半爪地瞥见它的本质。在物理学家的晦涩难解的实验和数学家的计算结果中，我们也曾一鳞半爪地窥见它的本质。

这些鳞爪碎片给我们显示了生命能量可能以不符合我们科学或文化范型的方式运动。因为，我们脑子已堆满纷杂的观念和意识形态，我们无法接近这未被分割的能量。我们只能把在人体存在的潜能给理论化。但是，理论并没有太多的好处。

我们至今还不知道将这性质引入我们存在核心的

必要条件会是什么。不过，首先让我们放下所知的一切，然后，我们或许会发现未知。而未知的，正是那可能的。

19　死亡与永生

死亡并不是在生命结束之际。死亡是现在，是当下。

死亡是从意念的逝去、自我的瓦解中来的。死亡是生命的精华，死与生并没有什么不同。

没有一个地方，没有一个观点，没有一个看法，不是在你发现它的刹那就处于死亡中的。

没有一次出生不是已经包含了死亡，并以死亡作为生的表现。

没有一次死亡不会带来新生。

我们活着，是依附于正在死亡的，还是培植新生的呢？

在我们死亡的那一刻，在每一个刹那我们死亡，而那新生的正等待着表现。

从持续不绝的、不被生灭形式所干扰的生命高度观察，并没有死亡这回事。只有生命，而生命不受时间限制地表达着它本身固有天性。

当我们的观点是建立在这不受时间限制的表达之上时，我们也是没有了时间限制，永生了。在那观点中，我们已死去。我们再也不是分离着的了。

20 追根究底

生命是动态的。它处于变化和活动的状态中。

因为变得固执己见和概念化始终是我们人生中的风险，所以，对我们的理解追根究底是尤为重要的。

对于绝对的认知，不是一个结束，而是对这绝对进行质问的开始。

认识到受条件限制的局限性，并不是这状态的结束。我们的问题，变成了对那受限状态的深入研究，变成了它的转变。

绝对的与相对的，有条件的和无条件的这一统合，是一种意识的进化，它正在我们所有人身上发生着，而且是超越时间的。

我们相信，我们可以以一种精神胜利法，轻松地退避到我们的理解槽臼之中。我们相信，我们可以从那里认识真实和绝对意识的本质，而不会受到阻碍或挑战。

我们其实无处可以退避，因为，真实和绝对意识的本质，正是我们要退避的，却也是我们退避之所。它是万事万物，无处不在。

这一了悟可否深入到我们的日常生活中呢？我们的工作场所、我们的社区、我们的家会得到转化吗？我们身体本身是否能够担负这个蜕变的必需，以使它成为这能量媒介，成为这能量，而不是那种疾病、老化和死亡的表现呢？

这是植入生命的质询，是落入我们存在的每一个细枝末节、每一个角落缝隙之中的探究。我们并不知道会朝哪个方向去动，可是我们知道，如果不这样的话，我们的世界会继续是个显现矛盾冲突的地方。

没法确定这个世界是否能够在战争、政治、人口过剩和污染所造成的持续的支离破碎中幸存下来。然而，可以确定的是，我们集体的生命，在所特有的结构和基础上，如果没有彻底的改变，那么，只可能重复发生同样的状况。

我们发觉，冲突其实并不在外界。要结束冲突，要发现我们整个存在的根本性转变，都要从我们自己开始。责任并不在其他什么地方。

相互联系着的状态，以及对这个人际关系世界的探索，都是从整体完整性中取得它的形式和结构。只有没有我们，也就是没有心理上的“我”，这个运动才可能发生。

这个没有“中心”的运动，却触探着、改变着我们生命的每一个方面，它是能量与物质的交会，是意识与真实的交会。它是陌生的情人来敲门。

21 对话的邀约

这是一份邀约对话的请帖。这对话可以有许多形式。对话是将二元性统一起来的表现。它是两者间的一个拥抱。

生命的总和满是对各种形式的包容，认识这一点，形式总试图要看见对方的无形式。

这对话不是一方对另一方的支配，或者一方对另一方的教诲。这对话是将对方包括其中。

它可以是对“内在”与“外在”的审视。它也许是与我们的妻子、丈夫、孩子、朋友之间的交谈。它可以是在熙熙攘攘街道上的不期而遇。是初绽花蕾的美丽，是对某人的苦痛感同身受的反应。它是生命与生命自己的对话。

生命大剧，在它各个部分和它无可否认的一体性之中，我们全都是这庞大对话的一部分。当我们对话时，让我们回到我们对话的要点，回到我们跟自己玩耍的开始。

当我们彼此交谈时，让我们认识到我们是在跟自己说话。当我们相逢时，我们并非遇见个陌生人，我们只是忘了我们早就见过面，并已交谈过许多回了。这就是对话。

让我们把这对话邀请到我们的生活中吧。

译后记

因为我们是一体的

2013 年夏，从哈里森先生手中接过这本已经被翻译成多国文字的小书，到今天将它译成中文，交付出版，实在是生命的一种荣幸。

哈里森先生的原文精炼，单刀直入，直指人心。尤其是跳出文字的棒喝，实在不是我的文字能力所能完全复原的。幸好，文字也只是我们自身投射出来的相。如果，读者能假借这些蜡味的文字，咀嚼出生命本身所具有的精彩，那也就没有辜负这本书，没有辜负哈里森先生不叫您反复阅读的苦衷了。这翻译，也可勉强算作功德圆满了。

想写下的有很多，因为从挑起翻译这事儿，到今日完稿之间的这段时间中，经历了一些蛮重要的事情。从把翻译当做要完成的工作，到把它变成工作之余静心的机会，这是“观者”完全不同的相。也就在前两天，有同事说：“不要让你目前的状态，玷污了这么好的一本书！影响到读者！”这惊雷般的吼声，好似从哈里森先生那头转接过来，更让我诚惶诚恐。

于是，发现我们每天所干之事，无非是把内在的状态显现出来而已。举个可能不太确切的例子吧：接到一个推销电话，心情好的时候，你可能会调侃对方两句，身边的人会以此认为你幽默；而心情极差时，你若因此高声骂人，周围的人会暗暗地给你差评。日积月累，认为你幽默的人们会与你同甘共苦；给你差评的人们远离了你，甚至教训了你一下。而我们是否觉察到了，这是我们自己，通过人际关系所建立起来的社会（如果它的定义是人们关系的总和），乃至整个世界。

如果您有阅读《收获幸福的教育》，您或许会发现我大放厥词："没有人，没有人群，知识并不存在，真理也毫无价值！"人际关系应该成为我们学习的首要课题。但是，人际关系，在我们所经历的整个教育中，其地位是远远不如客观真理的。我们制造了物我对立、人我对抗的认知体系和反应式心理模式，并在这个基础上创造了整个社会的范型。我们习惯了奋不顾身地去解决一些我们所看到的、所遭遇的问题。千方百计为的是自己或者孩子们如何被最大限度地开发，被恰如其分地使用，来换得生存的必需，或者所谓的生命价值。我们恰恰忽视了，这些问题，很多时候只不过是我们内在状态的回声，或是我们先前所建世界惯性运动的结果。当我们专注于开发我们功用性的时候，我们完全地忽视了更为深层的，作为人这个生命体，这个种群本身的需求。我们缺乏同体的感受，而割裂出人我，也使得自己触碰到的尽是些烦恼。如果有个机缘，再深入，我们或者可以窥见人际关系的本质，不是人我，而是我怎么与自己相处。

因这一段时间亲历草创的从无到有，得了些教训和体会。记在此处，恳告读者：此书译文，可能包含着一些译者翻译过程中所释放的焦虑、恐惧、愤怒等不安。请予以包涵。感谢翻译过程中，所有人的支持以及忍耐。我们是一体的！期望此书能将这个信息传递出来。